灰 作 十 问

建成遗产保护石灰技术

BUILDING LIME AND ITS APPLICATION FOR
THE RESTORATION OF BUILT HERITAGE

戴仕炳　钟　燕　胡战勇　著
by Dai Shibing, Zhong Yan & Hu Zhanyong

同济大学 出版社
TONGJI UNIVERSITY PRESS

图书在版编目（CIP）数据

灰作十问：建成遗产保护石灰技术 / 戴仕炳，钟燕，
胡战勇著 . -- 上海：同济大学出版社，2016.12
　ISBN 978-7-5608-6668-0

　Ⅰ.①灰… Ⅱ.①戴… ②钟… ③胡… Ⅲ.①古建筑
－文化遗产－保护－中国　Ⅳ.①TU-87

　中国版本图书馆 CIP 数据核字（2016）第 291964 号

灰作十问：建成遗产保护石灰技术

BUILDING LIME AND

ITS APPLICATION FOR THE RESTORATION OF BUILT HERITAGE

戴仕炳　钟　燕　胡战勇　著
Dai Shibing，Zhong Yan & Hu Zhanyong

责任编辑　荆　华　　责任校对　徐春莲　　封面设计　张　微

出版发行　同济大学出版社 www.tongjipress.com.cn
　　　　　（地址：上海四平路 1239 号　邮编：200092　电话：021‐65985622）
经　　销　全国各地新华书店
印　　刷　上海安兴汇东纸业有限公司
开　　本　787mm×960mm　1/16
印　　张　11
印　　数　1—2 100
字　　数　220 000
版　　次　2016 年 12 月第 1 版　　2016 年 12 月第 1 次印刷
书　　号　ISBN 978-7-5608-6668-0
定　　价　98.00 元

序
Preface

　　传统建筑营造中的灰作，包括了灰土、灰浆、灰泥、灰塑等材料配比技术及其施工工艺。其中，石灰以其强度和韧性上的天然特性，在灰作材料合成中起着举足轻重的作用。从地基处理、基础构成、构件砌筑、面层制作，直到装饰效果，没有一样离得开灰作的关键性参与。因而自古以来，灰作就是土木工程的基本工种、工序和匠技之一，并通过工匠的代代口传（口风）和手传（手风）延续下来。

　　如今，灰作作为建成遗产保护工程技术的重要组成部分，在实际运用中也面临着提升性能、优化机理、改良配比、新旧工艺兼容以及环境适应等技术难题。一言以蔽之，灰作作为传统"低技术"的一种，需要在传承中获得现代意义上的再生。同济大学建筑与城市规划学院历史建筑保护实验中心主任戴仕炳教授，以20余年的研究和实践经历，一直承担着这一历史的重任。

　　戴教授作为材料工程的学术和实践的双重精英，在国内建成遗产保护工程领域是首屈一指的材料病理诊断和修复专家。他长期坚持术业专攻，对灰作，特别是石灰材料及其工艺，用功甚勤，探研尤深，经他参与主持的北京、上海、平遥、澳门等地著名的建成遗产修复工程已享誉海内外。《灰作十问》这部力作就是他对多年来在灰作技术研究和实践方面取得成果的总结，对建成遗产保存和修复工程有着难得的启发价值和借鉴意义。作为同事和朋友，特以此短文向他致敬和致贺。

　　是为序。

中国科学院院上
同济大学城乡历史环境再生研究中心主任

丙申冬月于同济校园

前 言
Introduction

在石灰的开发与使用方面，19世纪以前，中国与欧洲有非常相似的发展轨迹。中国人与欧洲人均认为，越纯的石灰石烧制出的石灰质量越好（宋《营造法式》及《天工开物》中提到的"矿灰"，也可能是"块灰"的谐音）。在我国，这种观念一直延续至今。但在欧洲，得益于实验科学、矿物学等自然科学的发展，发现含有杂质的石灰石烧制的石灰，干法消解后使用，具有更高的强度、更优的耐水和耐冻性能等。这一发现直接导致1818年"水硬性石灰"概念的提出，以及之后水硬性石灰的规模化生产，还有水泥等的发明。整个欧洲在20世纪30年代就提出了较为完整的建筑石灰标准，为欧洲统一后欧盟标准委员制定的欧盟石灰标准奠定了基础。

我国建成遗产保护专业领域对石灰理解存在两个极端：一种认为石灰在很多性能方面达不到要求，为追求强度及所谓耐久性而放弃石灰；另一种观点认为石灰是万能的，可以解决建成遗产保护的所有问题，排斥其他无机材料。其实，石灰是性能优异的材料，石灰类型很多，而且有不同的工法，甚至可以通过添加物来实现其特殊功用。但如使用不当，也会导致某些石灰强度过高，或过于致密，一样会产生次生病害。因此，必须知其道，才能用其妙。

现今我国和欧洲在20世纪三四十年前出现的问题相似，在建成遗产保护实践中，大量使用水泥，导致本体出现无法恢复的损害。替代水泥是目前实际工作中保护修缮工程普遍的诉求。

本书是研究者过去二十余年研究成果的总结，分上、下两篇：上篇六章，侧重原理，包括石灰种类及划分依据、固化机理等，同时还为如何科学考证古代石灰配比提供一条思路；下篇以四个案例来分析石灰在不同方面应用的可能性和未来的发展方向。

目前国内对石灰及其相关的概念表述各异，本书的石灰命名分类参照欧洲标准体系，希望能够通过本书，在我国对石灰的术语和概念方面达成共识有所贡献。采用不同的石灰类型可以通过配合比优化，配制出完整的强度系列砂浆。另外，书中还提供了不同强度、不同应用领域的石灰配比，供具体工程设计参考。同时附有案例分析，试图说明石灰家族中总有一款，或者通过优化可以替代水泥及有机材料，保护我们稀有的建成遗产。

本书中提到的"牺牲性"保护，是指牺牲"新"的修复材料达到保护遗产木休的技术手段，其重要意义在于强调对历史材料的重视，明确修复材料的本质目的在于为文物本体提供防护，而不在于展示新材料本身的耐久性。牺牲保护的理念提出是为了在对病害机理不明确、病因无法根除，或新、旧材料兼容性不确定等情况下，又必须对文物本体进行干预的"缓冲"，为找到更科学化的方案赢得时间，避免采取所谓的"高科技"保护措施而带来无法挽回的损害。本书以清水砖墙为例，分析了牺牲性保护的技术可能性并给合了相对应的修复用石灰材料。

石灰的应用不仅局限于建筑与文物保护，它更足一个生态材料。人类最早、最容易获得的天然强碱性材料就是石灰，它可以杀菌、消毒，并不容易导致过敏。另外，石灰在机械性能及环保方面存有众多优势。

希望本书能够以专业水准介绍有关建筑石灰的具体知识，使石灰能够重新为我们认识和重视。

本书由戴仕炳教授负责策划并完成大部分章节的撰写工作，钟燕负责第一章及附录石灰及其工法术语并参与第二、四、五、九章的撰写，并绘制大部分示意图；胡战勇负责第四章并参与第二、五、六、八、十章的撰写。此外，王金华、周伟强、刘忠、周月娥、张德兵、刘斐、居发玲及研究生格桑 Gesa Schwantes、王冰心等参与部分章节撰写工作，吕世杰帮助校对文稿。在此特对团队紧密合作表示感谢。

衷心感谢中国科学院院士、同济大学教授常青先生为本书作序，更要感谢同济大学出版社在出版过程中给予的支持。

由于作者水平有限，时间仓促，书中难免存在疏漏及不足之处，恳请读者批判指正，以期再版完善。

戴仕炳　钟　燕　胡战勇
2016 年 10 月于上海

目 录

下篇 　应用与实践

Contents

上篇　类型及原理

1 为什么石灰成为人类文明史上的重要材料

1.1 石灰：传统社会的重要建材

石灰作为建筑材料的历史可能与人类拥有建造行为的历史一样久远。但石灰却很少获得人们的注意，因为这种材料通常只是充当黏合剂、内饰粉刷或作局部装饰。如今，我们所知的大多数关于人类早期使用石灰灰浆的信息几乎都来自考古遗址，如发现于公元6500年前约旦阿曼佩拉古城的石灰雕塑人像（Lime plaster statues from 'Ain Ghazal'），塞尔比亚莱潘斯基维尔（Lepenski Vir in Serbia）的红色石灰地面（图1-1）。就现存世界上最古老的石灰使用物证，有一种说法认为是发现于耶利哥（死海以北的一座古城）的一堵石灰墙，其历史可以追溯到公元7000年前。公元一世纪，罗马人和希腊人就将石灰作为主要的建筑黏结材料，建造了大量宏伟的宫殿和神庙，或作为饰面材料装饰他们的私宅。关于他们如何使用石灰的故事，可以在两个世纪前对石灰制作记录的工程师维特鲁威所著《建筑十书》有关石灰的短小篇章中窥得一二。

据《汉代长安词典》（姚远，1993）中考证记录，我国有石灰物证存留的历史可以追溯到西周（公元前1046—前771年）中晚期建筑遗址的墙面。《左传》记载，东周有用石灰修筑陵墓的做法，"成公二年（公元前635年）八月宋文公卒，

图1-1　发现于公元6500年前约旦阿曼佩拉古城的石灰雕塑人像（左），塞尔维亚莱潘斯基维尔的红色石灰地面（右）
图片来源：维基百科

始厚葬用蜃灰"，蜃灰即用蛤壳烧制而成的石灰。《陕西古代科学技术》（邢景文，1995），《陕西古代道路交通史》（王开，1989）研究考证，秦汉以后，石灰材料的使用领域扩展至地基、路面。秦咸阳宫殿（公元前221—前206年）遗址地面为猪血、石灰、料姜石拌合抹成；而秦修直道多为石灰、黄土夯筑而成。我国后世称"三合土"（石灰、黄土和沙子）的石灰混合材料，推测至少出现于西汉早期（铁付地，2004），于东晋十六国时期（公元317—420）北燕用作墓葬构筑，大夏用其修筑都城（璞石，1994）。值得一提的是，我国还有石灰中掺合有机物的独特做法，以糯米灰浆最为典型（杨富巍，张秉坚 *，潘昌初，曾余瑶，2009）。成书于明末期的《天工开物》详细记载了石灰原材料的选择、窑的构造、燃料、烧制方法、消解方法（风吹成粉、急用时水沃解散）等，例举了石灰不同领域的配合比，"用以砌墙石，则筛去石块，水调粘合"。"风吹成粉"保障了石灰中的水硬性组分，是石灰消解方面重要的古人发明！

事实上，石灰成为人类文明史上应用最广泛的建筑材料之一，主要并非因其坚固耐久的特点，恰恰相反，据欧洲可考的资料表明，许多用石灰作黏合剂的中世纪房屋存有倒塌的结构风险，因此石灰并非是"坚固无比"的代名词。然而，石灰却是地球上最容易获取和加工的材料之一，有关其制作的知识也足够简单，能够通过父授子传的方式代代延续，也很容易为外来者所习得。石灰材料的易获取、易加工性，才是使其在早期得以广泛传播的主要因素。

之后，石灰由于其兼具经济和防火的特点，风靡欧洲。最有代表性的事件是1212年的伦敦大桥火灾后，约翰国王（King John）便通过一项法令要求将所有泰晤士沿河的商铺里里外外用白色的石灰刷一遍，目的就是为了防火。2016年，英国请燃烧艺术家 David Best 做了"火烧伦敦"的大型艺术，所纪念的是另一场发生在350年前（1666年9月2日）的伦敦大火，正是由于那场火灾的影响加快了人们对石灰的贸易（图1-2与图1-3）。英国国会甚至颁布法令允许国外的石灰匠人进入国境，帮助城市建设。也就是在那一时期，英国人掌握了当时意大利人引以为豪的泥灰抹面（Stucco）技艺。这种品质可调的石灰抹灰方式为当时欧洲许多地区效仿，因其既可以做到细腻的仿石效果，为精英阶层所用，也可以做成粗糙质感的墙面，为乡野村民使用于非常简洁的民居中。这一时期为二战前石灰使用盛极的时刻。

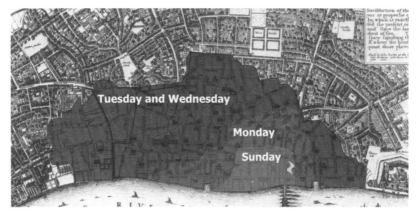

图 1-2　1666 年 9 月 2 日—9 月 5 日的伦敦城大火灾波及面域
图片来源：维基百科

图 1-3　2016 年 9 月 2 日"火烧伦敦"的大型艺术
图片来源：nbcnews

1.2　我国古建遗产中石灰的应用

　　我国古建工程中有"九浆十八灰"之说，可见石灰在我国的应用之广，常见于地基、地面、墙面砌筑、墙面抹灰、局部装饰等部位。

1.2.1　夯土地基

　　石灰，俗称"白灰"。我国古代建筑地面的使用方式是将其同黄土拌合后铺设夯实，以此获得一定强度和耐水耐冻性能。这种土加灰的传统技术，统称为"灰土技术"。用于地面的灰土技术最早的实例见于陕西岐山县凤雏村的西周建筑遗址（刘大可，2015）。虽然灰土技术早已有之，但根据现有的物证和文献能证明用于建筑地基的，约在明末清初阶段。典型案例是紫禁城内的一些宫殿地面垫层，灰土夯筑层多达数十层，每层又称"一步"。根据清工部《工程作法则例》及其有关文献规定，每步夯实厚度为16厘米。相比，普通民房基础灰土厚度一般夯实厚度仅15厘米。掺加了碎砖的石灰夯土强度很高，可以作为室外地面（图1-4）。

图1-4 强度接近C20的石灰-碎砖夯土地面（清代，安徽宣城广教寺遗址）

图1-5 砌筑灰浆（明代，西安，据说添加了糯米）

1.2.2 砌筑

石灰是砖石砌体重要的粘合材料，其中可能添加有砖石砂土等无机骨料和糯米等有机物（图1-5）。作为配合砖墙的粘合材料石灰，按照"天工开物"的描述，为含水硬性组分的弱水硬性石灰—气硬性石灰，色调为深灰色—灰白色。

砌筑勾缝工艺讲求所谓的"三分砌七分勾，三分勾七分扫"。墙面勾缝常见手法有耕缝、打点缝子、划缝、弥缝、串缝等。不同的勾缝手法对灰浆有不同的要求，具体可见《中国古建筑瓦石营法》。

图 1-6　砖塔的抹灰（嵩山少林寺）

1.2.3　抹灰

我国古建墙面常采用抹灰作法，并且同西方的用法习惯相似，既用于普通民居，又用于高等建筑中，如官式、宗教建筑。除了对石灰品质的要求有区别外，我国的外墙抹灰中的色彩选用，一方面受礼法制约，另一方面也要受各地用色习惯的影响。我国古建墙面的抹灰选色常见的有白、浅灰（月白灰）、深灰（青灰）、黄灰、红灰（图1-6）。

白灰墙面在江南地区是室外墙面的主色之一，而在北方及官式建筑中就有一定的规律。如北方民居有"四白落地"的做法，即墙面从上到下抹白，但寺庙、宫殿内绝不会有这类做法。虽然北方仿江南园林做法中有采用抹白灰的形式，但是白灰通常不用在北方外墙面中。北方墙面往往以月白灰（灰色）、青灰（深灰）为主，甚至在作法简易的宫殿建筑中也能见到青灰墙面的做法。红灰墙面为皇家建筑采用，多用于外墙，内墙中偶尔可见。另外，宫殿建筑中还常见有黄灰墙面，多用于内墙、廊心墙、游廊内侧墙。在江南公共建筑，如寺庙、会馆等，黄灰墙面也是颇为常见，既见于外墙也见于内墙。

1.2.4 灰塑

灰塑作为一种石灰装饰艺术，在珠三角一带应用极为广泛，亦见于安徽（徽州）、四川、贵州（图1-7）、广西等地，又称"灰批"、"堆塑"，其中以南粤灰塑最具浓郁的地方特点，广州陈氏书院的灰塑可作典型代表。灰塑的制作，简单来说是将石灰、稻草、玉扣纸、糯米粉或桐油等按比例混合制成草筋灰、纸筋灰，作为灰塑用料，然后工匠通过拍、抹、堆、压、挑等手法创造出雕塑，雕塑的题材多为神话传说、人物风俗、祥禽瑞兽等传统内容，珠三角地区几乎全都采用上彩的做法，徽州等地也有素色做法。由于

图1-7　灰塑（贵州三门塘刘氏宗祠）

保存环境的恶化、石灰本身耐候性问题，以及灰塑工艺传承呈现出的后继无人问题，使得灰塑遗产的保护与再现面临严峻挑战。

1.2.5 壁画、彩绘等地仗

由于石灰固化后的化学稳定性，呈白色、易涂鸦、表面平滑等特点，是壁画、彩绘等的理想绘画基材（图1-8）。在木材表面的石灰层除了易于绘画外（图1-9），还有保护木材（强碱性杀虫、杀菌）及延缓剧烈干湿交替的作用。

图1-8　绘制于石灰上的湿壁画（澳门圣母雪地殿，明代，修复后）

图 1-9　木构表面彩绘，石灰地仗（1824 年）（江西井冈山地区）

1.3　石灰的复兴之修复材料的宠儿

确切来说，欧洲对石灰复兴最初的兴趣以及最切实的需求，首先是来自历史建筑修复的需求，而下一小节提到石灰的生态性则是之后的推波助澜。由于水泥在对老建筑的修复功能上具有破坏性，同时美学上亦与老建筑不匹配，大约在 20 世纪 60 年代晚期开始，欧洲的保护专家开始相继注意到用水泥作修复材料的老房子出现了问题，经各自独立的观察研究最终得出了相同的结论：水泥对老建筑的修复具有破坏作用，建议用石灰替代水泥。图 1-10 提供了一些有限的数据，说明了石灰在欧洲市场的需求情况。在 2005 年之前的数年，英国对天然水硬石灰的市场需求（主要用于老建筑修复）约在 10~14000 吨／年。由于英国境内几乎不生产天然水硬石灰，只有在查尔顿的陶特采石场（Tout Quarry）的 Hydraulis Lias Limes Ltd. 生产少量的天然水硬石灰，因而多年来英国一直依靠从欧洲其他国家进口，主要是法国和爱尔兰（据说源自意大利）。

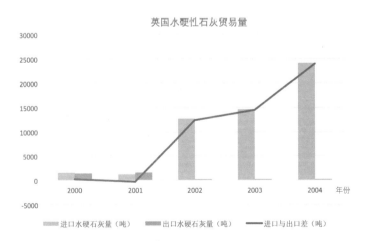

图 1-10　2000—2004 年英国石灰的贸易量
（引自 HM Customs & Excise, 2004）

石灰比水泥更适用于修复，主要原因如下：

（1）石灰更透气

大多数的老建筑都有受潮问题，而石灰具有高孔隙率的特点，能吸收老建筑中多余的水分，同时还能吸收水分中所带的盐分。相反，水泥是一种致密度较高且含盐分较高的材料，在水分蒸发的过程中，反而会将多余水分、盐分转移至老建筑中。

（2）石灰具有柔性和自愈性

老建筑或多或少都存在结构问题，因而需要后介入的修复材料具有一定的应力应变可调性。石灰的热膨胀系数低，并且其中还可以添加麻等具有一定弹性的纤维材料，能有效化解一部分热胀冷缩引起的应力应变问题，保证用石灰修复的开裂、勾缝部位不会成为应力集中处，从而避免由后期修复不当导致的开裂。即使遭遇开裂，若使用的石灰中含有大量未碳化的 $Ca(OH)_2$，其也能与空气中的二氧化碳发生碳化，或与砖中的活性组成发生胶化，能够起到愈合裂缝的功效（见3.2节）。然而，水泥是一种刚性材料，因而用其进行修复的部位能承受更大的应力，反而导致破坏发生在需要保护但强度较弱的位置。

（3）石灰的强度与老建筑更匹配

通常来说石灰的强度比水泥低（见4.3节，图4-4，图4-5），但这在老建筑的修复过程中成为一种优势。因为作为强度较低的后介入修复材料，石灰能成为整体结构中最薄弱的环节。换言之，所有应力将会集中在这一点，从而破坏会发生在修复石灰的部位，达到保护原有材料、控制破坏点的双重目的。但是如果使用水泥情况就恰恰相反，后介入修复的水泥成为整体结构中最牢固、无法破坏的部分，从而应力就会转向临近水泥修复但强度低于它的原有材料上，从而导致需要保护的老建筑自身材料的破坏。这也是欧标石灰在分类中，不断呼吁需要将低强度天然水硬石灰纳入标准的原因所在（见2.2节）。

（4）石灰能适用于土体或石灰岩类的加固

现存较多遗产的保护都会面临土体加固的问题，如土城墙的加固、土质基层壁画的加固等。石灰对土体的加固有着良好的功效（见第5章），并且现有的科学技术已经能实现将石灰细化至纳米/微米级颗粒大小，通过将其溶于无水的醇类溶剂，注射进需要加固保护的壁画基层，近期的研究表明其有着良好的加固效果和市场前景。另外，石灰同样也适用于化学成分相同的石灰岩类的加固，且具有良好的兼容性（见第八章 广西左江花山岩画抢险加固为什么选择天然水硬石灰）。

（5）石灰具有抑制植物生长的作用

纯石灰的碱性很高（pH=13），用于墙面抹灰，具有良好的防霉变效果，避免苔藓、霉菌的生长。用于屋面苫背层，则可以起到有效抑制植物生长的效果。当然，这需要其中的石灰含量达到一定的量，否则起不到应有的效果。至于多少含量的石灰用于屋面才能对植被的生长起到抑制作用（具体参见第7章　传统屋顶苫背：灰好还是泥好）。

在对石灰为何适应现代保护的需求进行总结提炼之前，首先需要注意是，我们所谈论的所有修复对象都是使用传统砖、石砌体材料建造的，并且我们至今所保护的绝大多数对象皆是如此，这些是构成石灰适用于现代建筑保护的重要前提。因此，我们需要知道"水泥不适合作为修复材料"也是基于修复对象是传统砖石材料而得出的判断，如果保护对象改变，水泥也可以成为最佳的修复材料的，如水泥对混凝土而言就是非常优秀的修复材料。知道了这一前提，我们就可以从上述石灰的种种优点作出这样一个总结，即石灰适合用作传统砖、石砌体的保护修复材料，因为石灰作为面层修复材料是匹配传统砖、石材料的"牺牲"材料（有关牺牲保护的定义，见第九章）。这就是石灰如此受现代建筑保护领域青睐的秘密所在。

另外值得一提的是，生石灰灰浆或半消解石灰灰浆可用于灌浆修补加固，因为生石灰粉会发生膨胀，从而使得砌体内空洞部分能充满灰浆。而水泥在凝固过程相反会收缩，造成砌体内空隙。

虽然石灰在很多方面表现出色，但由于水泥在工程中极具诱惑力的效率性，且用于修复定制的石灰灰浆成品在欧洲几乎每吨价格是混凝土的10倍，而在我国石灰的市场价格大约是水泥的3~10倍，因此，要想让水泥完全退出砖石修复保护，任重而道远。

1.4　石灰的复兴之生态意义

在第二次世界大战后，由于住宅需求的猛增，水泥作为一种能够快速凝结、高强且多气候环境适应的特性，逐步取代石灰这种凝结速度慢、气候要求高的材料。

然而，自20世纪70年代起的欧洲，石灰得以大规模复兴。除了建筑保护的市场需求之外，还有必要归功于对这种传统材料的一种新的认识，即石灰被定义为一种生态建材。石灰的生态性除了体现在这种材料本身对环境生态影响小之外，还更宏观地体现在这种材料能带来更生态的经济以及更具生态的建造感觉。

有两股力量推动着传统石灰技艺的复兴：一是绿色建筑运动；另一股来自想要在全球范围内复兴传统建造工艺的人群。这两股力量推动石灰复兴的出发点虽有不同，但其关于复兴石灰的理念都与守旧的浪漫情怀无关。

作为经济学家、哲学家的 E. F. 舒马赫博士（Dr.E.F.Schumacher）是石灰复兴的重要推动者之一，他在 20 世纪 60 年代兴起了"实际行动"（Practical Action），组织中的两名成员在 1997 年出版了第一本石灰建造的专业书《用石灰建造：实践简介》（Building with Lime：A Practical Introduction），加速人们对石灰技术的重新认识，推动这种材料重回建筑上的使用。

"实际行动"的旧称为"中等技术发展组织"（Intermediate Technology Development Group，ITDG），这个活动的发起实际是基于这样一个理念，即当时发达的欧洲一直通过技术输出、生产资料输出帮助不发达国家建造他们的家园，但舒马赫博士认为这种高技术在帮助盘活整个经济运作上起不到任何作用，由于高科技等于低劳动力消耗加高素质人才需求，因而高技术建造对当地的经济生态良性运作是无效的（具体可见 英国《观察者报》（Observer）1965 年 8 月 29 日发表的 How to Help Them Help Themselves？）。基于这样的论点，舒马赫博士转向对传统建造技术的研究（他所用的术语为"中等建造技术"），因为这样能带来更多劳动力的消耗，更广泛地使用当地建材，继而带动当地整个经济链的运转。

这两股力量代表看待石灰生态性的两种角度。"绿色建筑运动"派从环境生态学的角度出发，将石灰视作一种环保建筑材料，因其生产、加工及最终成品具有以下特点：

（1）石灰生产能耗低，二氧化碳排放量少

全球气候变暖而导致的一系列环境问题是绿色运动兴起的主要原因，而众所周知的一种说法是气候变暖与二氧化碳排放量剧增正相关。因而，绿色建筑运动一直致力于宣传减少水泥在建筑中的使用，提倡使用石灰。这是因为石灰生产所需能耗低于水泥，一般而言普通石灰的烧制温度在 900℃，水硬石灰在 1 000℃~1 100℃，而水泥的烧制温度要达到 1 450℃，同时虽然石灰在生产过程中会产生大量二氧化碳，但在其凝结的过程中又会吸收大量的二氧化碳（见第 2 章，图 2-4，图 2-6，图 2-7 石灰生化与熟化循环图）。

（2）用石灰建造的房子保温、绝缘、吸音方面表现出色

这种论点比较的对象是用水泥、混凝土或普通砌体建造的房子，比较的前提是用石灰建造的房子同时还使用其他环保建材，如稻草、夯土、麻等。由于使用传统石灰、土、麻等建造起来房子拥有更好的透气性、柔性以及阻热能力，从而可以减少碳排放以及房子的热耗。

（3）石灰是一种安全、健康的建材

对进入后工业时代的人们而言，在室内活动的时间越来越长，因而对房屋品质的要求也相应发生了变化。根据19世纪70年代德国安东·施耐德博士（Dr Anton Schneider）制定评判室内生态的25条准则，其中包括"室内空气湿度需自然可调"，"使用天然无添加的材料"，"墙壁、地板、天花要具有延展性和吸湿性"等。石灰用作墙面材料，具有结构多孔、碱性的天然属性，因此墙体具备有呼吸透气的能力，用于受潮气影响的部位可以吸收潮气，而其碱性属性可有效防止霉菌滋生。同时，相比水泥、混凝土等人工材料，必然有添加化学成分的需求，而石灰作为一种天然材料，可以做到不添加任何人工化学剂，或在需要改良的情况下，添加极少化学剂。因此对于有哮喘或其他过敏病史的人，石灰作为室内建材更健康。另外，国外还有研究表明，用石灰作为室内建材能产生更多的负离子，对防辐射也有好处。

为了推广石灰在新建筑中的使用，英国政府首先将碳排放量作为评定生态住宅的核心。新的政府审核方式，如生态住宅评估法（Eco homes assessment methods，BREAM，见网站http：//www.breeam.org/）里写道："如果使用石灰或土作为建材，而不是水泥，就能获得更高的分。"另外，英国政府还配合有新的规定出台，鼓励使用回收的建材，而石灰无疑是一种可回收的材料。

另一股力量以舒马赫博士为代表，他们想要在全球范围内复兴石灰建造工艺，更多的是从经济生态的角度出发，更宏观地看待石灰作为建材能带来的种种效益。

（1）石灰能带动地方经济，减少物流

这种可以在当地开采的建材，无疑能够支撑一部分的地方经济，同时减少长距离物流所产生的不必要的能耗。需要说明的是，就业问题对于西方政府是比经济增长更重要的问题。而石灰从开采、制作，到于工艺人的培养，传统石灰房屋的建造等，都能消化大量的人力，从而解决大量的就业问题。

（2）多样性竞争：小规模作坊石灰生产 VS 大规模工业石灰生产

室内使用石灰的成本还是远高于用现代装饰材料，如乳胶漆。为了降低石灰的生产成本，大规模、工业化生产是不可避免的道路。于是，这种近似垄断的方式无疑会对前面所述的地方生产造成冲击，然而，幸运的是，石灰是一种很有多样性的材料。地方生产的石灰，因其原料、工艺不同，会形成自己的特色，从而具有与大规模生产的石灰竞争匹敌的优势。

另外，在上述两股力量之中或者在这两股力量之外，还存在着似匠人又似建筑师的一群人，他们关注建造的过程，赞赏石灰建造中所包含的工匠品质。用石灰建造的房子，或是用石灰作粉刷面的室内，能为建筑带来更自然的品质体验，如触感体验、微妙柔和的光影效果，以及石灰的"呼吸性"让人们在潜意识和心理上更贴近自然。这些没有数据支撑的感受或许与环保和经济无关，却感性地解释了人们更偏爱这种材料的重要原因，即石灰带来的心理感受、触觉体验使我们更贴近自然。

1.5 我国石灰发展现状

如前文所述，我国拥有悠久的石灰使用历史，并且有着不少独具特色的石灰消解工艺，如泼灰。16 世纪之前，中国就采用"风吹成粉"的干法消解石灰。但不同于欧洲在 19 世纪得益于工业科学的发展，我国缺乏对传统石灰工艺的科学研究。自新中国成立后我国出台过两版石灰标准，从中虽然看到我国在对石灰品质的认识与分类上有一定的科学进步，但是我国现行的建筑石灰标准仅相当于现行欧洲建筑石灰标准的一部分，即气硬石灰标准（具体参见第 2 章 2.2，2.2）。

近十年来，随着我国遗产保护的实际需求，国内已开展关于中国古代石灰类材料、古代灰浆（糯米灰浆等）等研究工作，并取得一系列成果，出版了一些有关我国传统石灰材料研究成果的专著，如 2015 年由中国文化遗产研究院出版的《中国古代石灰类材料研究》、东南大学出版的《中国古代灰浆科学化研究》等。在一些重要的文物修复工程中都可以见到水硬性石灰的应用实例，如石灰对平遥古城墙土体的加固，天然水硬石灰应用于广西左江花山岩画的抢险加固等。另外还出版了一系列科研档案资料，如中国文化遗产研究院领导完成的《广西花山岩画保护研究》。另外，近年来，牺牲性保护实践逐渐开始，特别是在砖（图 1-11）、石质等重要文物保护领域，而石灰就是砖石牺牲性保护的主要原材料。

图1-11　"牺牲性"保护砖砌体的石灰基保护修复材料优化试验（2016）

　　但是，不能回避的是，我国遗产保护实践尚属起步阶段，其中不可避免地存在保护技术上的不足，如由于缺乏保护专业知识而在重要文物的修缮中选用水泥；施工管理、时间与资金配制不协调，如虽然明确水泥不适用于保护工程，但出于赶工期或者原有修缮资金预算不足，最后选择在石灰中添加部分水泥。我国也缺乏适合遗产保护的建筑石灰标准，更缺乏指导施工的石灰工艺导则等，很多情况采用"原材料、原工艺"回避问题。

　　石灰在我国的建筑行业中已不是主导材料，但随着文物保护的需求增长，我们将对自身的传统石灰工艺研究和文物修复用石灰材料有着迫切的需求。我国幅员辽阔，各地区、各类型不同矿物组份的石灰岩在不同气候环境下所烧制、消解而成的石灰各有特点，需要有专业人员一方面对古代使用的灰浆材料进行深入的研究；另一方面更要对不同地区的石灰进行收缩、强度、黏结性能等定量或半定量的系统性研究工作。同时，有必要同步开展有关天然水硬石灰的研制和传统气硬石灰的再开发工作，并在此基础上通过各部门的良好衔接，重新构建适用于我国遗产保护的建筑石灰标准体系。

本章小结

石灰是一种与人类建造文明历史一样久远的材料，应用广泛，欧洲没落于二战期间，并被水泥所取代，之后欧洲对石灰进行复兴运动。其最初的兴趣以及最切实的需求，首先是来自历史建筑修复的需求，因为欧洲人意识到二战后采用水泥修复老建筑，不仅造成二次破坏，而且用水泥修缮与老建筑在美学上亦不匹配。石灰比水泥更适用于古建筑修复，主要原因如下。

（1）石灰更透气；

（2）石灰具有柔性和自愈性；

（3）石灰的强度与老建筑更匹配；

（4）石灰能适用于土体或石灰岩类的加固；

（5）石灰具有抑制植物霉菌生长的作用。

同时，欧洲对石灰复兴的兴趣还源自对石灰的一种新认识，即石灰是一种生态材料。其生态性主要表现在：

（1）石灰生产能耗低，二氧化碳排放量少；

（2）用石灰建造的房子在保温、绝缘、吸音方面表现出色；

（3）石灰是一种安全、健康的建材；

（4）石灰能带来经济的生态性，即带动地方劳动力，发展地方产业等。

我国有悠久的石灰使用历史，常见于地基、地面、墙面砌筑、墙面抹灰、局部装饰、壁画等应用部位。近年来，随着我国遗产保护的实际需求，我国也已经开展了对石灰的研究工作，并在工程实践应用中有了一定的积累。然而，我国对石灰的研究工作仅能算在起步阶段，尚有大量研究工作需要进行。

2 建筑石灰有几类

石灰是多种多样的，不仅形状、颜色各异，而且固化过程也各有特点。如何对石灰进行分类，国际上已经达成共识。石灰与水泥都是无机胶凝材料，区别在原材料、烧制温度及加工工艺三个方面（图2-1）。

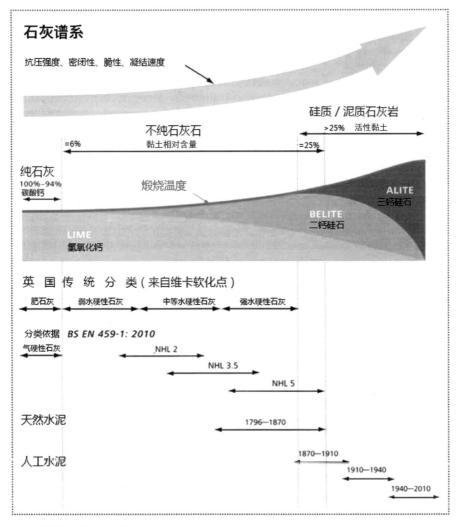

图2-1 英国的石灰谱系及其分类
（注: 图示说明传统石灰和现代石灰的抗压强度、凝结速度、密闭性与原材料石灰石中的矿物组分及其煅烧温度的关系。从欧洲现行石灰标准 BS EN 459 的各类石灰强度对应历史上所用各类石灰强度可以发现，现行石灰标准中也缺乏强度为弱水性硬石灰的现代天然水硬石灰（NHL）。图示还表明，现代石灰材料在强度上总体高于传统石灰材料。）

2.1 我国现行石灰分类

历史上，我国对建筑石灰的分类往往根据石灰的形态、颜色，或成分，如块灰（生石灰）、石灰膏、纸筋灰、糯米石灰等均是按石灰的形态、成分进行分类而得的术语。为了对石灰进行更科学分类，建国后我国分别于 1992 年和 2013 年出台过两版石灰标准。在 1992 年颁布的建筑石灰标准中，将建筑石灰分为生石灰和消石灰（表 2-1），并将石灰按等级分成了优等品、一等品和合格品。其中，产浆量是评判石灰品级的一个重要指标，产浆量越少品级越低。

我国最新出台的 2013 版建筑石灰的标准基本沿续着 1992 年版我国对建筑石灰的分类与认识，只是取消了白云石消石灰，以氧化钙和氧化镁含量直接命名各亚类石灰品种，并不再以产浆量对石灰进行优等、一等或合格之分。标准起草人想必注意到了欧洲 2010 版建筑石灰标准的重大变化，但未将水硬性石灰单独列出，因而我国 2013 年版的建筑石灰标准仅相当于欧洲 2010 版建筑石灰标准的气硬性石灰部分，字母缩写方式也与欧洲石灰标准有别。

表 2-1　我国 1992 年和 2013 年建筑石灰标准分类及主要评判指标

1992 年我国石灰标准分类及主要评判指标				2013 年我国石灰标准分类及主要评判指标		
类别		$CaO+MgO$ 含量 ≥ %	产浆量 ≥ L/kg	类别		$CaO+MgO$ 含量 ≥ %
钙质生石灰	优等品	90	2.8	钙质生石灰	钙质生石灰 90, CL90	90
	一等品	85	2.3		钙质生石灰 85, CL85	85
	合格品	80	2.0		钙质生石灰 75, CL75	75
镁质生石灰	优等品	85	2.8	镁质生石灰	镁质生石灰 85, ML85	85
	一等品	80	2.3		镁质生石灰 80, ML80	80
	合格品	75	2.0			
钙质消石灰粉	优等品	70		钙质消石灰	钙质消石灰 90, HCL90	90
	一等品	65			钙质消石灰 85, HCL85	85
	合格品	60			钙质消石灰 75, HCL75	75
镁质消石灰粉	优等品	65		镁质消石灰	镁质消石灰 85, HML85	85
	一等品	60			镁质消石灰 80, HML80	80
	合格品	55				
白云石消石灰粉	优等品	65				
	一等品	60				
	合格品	55				

2013 年我国建筑石灰标准不再以产浆量作为评判石灰的质量标准，体现了我国对石灰科学认识的进步，但标准中缺乏对水硬性石灰的定义，也反映我国整个石灰产业的现状。石灰被认为是高能耗、高污染的行业（图 2-2），而水硬性石灰在我国的发展还停留在科学研究层面，未付诸具有规模的工业化生产。

图 2-2　亟待升级的我国石灰烧制与消解工艺
（拍摄于 2016 年 5 月）

2.2　欧洲石灰分类

欧洲对石灰的术语梳理与分类是一个从混乱感性到理性科学的过程。欧洲石灰标准历经 2010 年石灰分类大变革后，为石灰生厂商、供应商、使用者、管理者等在讨论石灰性能及其应用时提供了不再引起歧义的清晰术语界定。

2.2.1　欧洲对石灰品质认知的改变

传统上来说，建筑石灰是一种地方性材料，其最终的品质主要取决于原材料（白垩石、石灰石、贝壳等），而对于石灰品质的评定又主要倚重于石灰煅烧师傅对原材料基于个人经验下的判断，或根据石灰的颜色、或重量、或气味进行判断。在欧洲的历史上，石灰师傅判别高品质、煅烧完全的生石灰的经验标准为：①有着特殊的气味；②两块碰撞时声音如瓷；③比煅烧之前重量轻很多；④色泽亮白；⑤与水的反应程度剧烈。

随着石灰的作坊式生产逐步被大规模生产取代后，现代意义上的建筑石灰与传统社会用于建造的石灰材料，实际上存在非常大的区别。因此，对于石灰品质的判断不能再依赖于品相、气味或声音，而是基于标准设备、标准实验操作下所获得的数据对石灰产品进行类化，即不存在品级优劣的概念。同时，对于各类石灰的判断标准也是各异的，如对于气硬性石灰主要依据所含的氧化钙或氧化镁含量进行类化，而对水硬性石灰则根据其 28 天的抗压强度。最后，对于各亚类石灰产品品质合格与否的判断，是通过相应实验操作下所得的化学、物理细分指标。

欧洲自 1986 年开始在财政上大力支持研究环境对文化遗产以及文物的影响，启动了许多针对石灰的研究项目。研究结果表明，石灰作为饰面材料，或作为黏结材料，最终施工品质的好坏与石灰的配比、消化方式、施工环境、施工人员、使用工具、石灰的储存等有着不可分割的关系。因此，在首版欧盟石灰标准的制定中，要求对于石灰成品某些检验项的实验操作步骤，需依据石灰厂家提供的方式进行操作检验。另外，标准的附录中还详细阐述了对各类石灰的仓储要求，用以保证石灰的品质。

2.2.2　欧盟建筑石灰标准的更新

欧盟正式诞生后，欧盟标准委员会（CEN）决定于 1992 年实现合并现有欧洲各国的建筑石灰和砌筑水泥标准，但由于欧洲各国原有的标准差别很大，最终这一目标的完成比预期延后了 8 年。整合期间发生许多重要的变化，其中最大的两个变化就是：①把建筑石灰和砌筑水泥标准两者独立；②把"水硬石灰"纳入建筑石灰标准中。欧标会以 1995 年版的英标 BS-890 作为参考，在此基础上整合其他欧洲国家的标准，最终产生了 2001 版欧盟建筑石灰标准 EN-459，也是欧盟首个建筑石灰标准。从诞生的首版建筑石灰欧标看，其主要参考了英标石灰的整体框架，而对于石灰的分类主要参考了 1995 年版德标 DIN-1060-1（表 2-2）。

欧标建筑石灰迄今为止正式出版的有 2001 年版、2010 年版和 2015 年版，三版整体框架基本相同，由三部分组成。第一部分：定义、规格、合格检测标准；第二部分：测试方法；第三部分：合格检测评估。

2001 版欧标对建筑石灰的分类几乎完全沿袭 1995 版德标对建筑石灰的分类，另外将 19 世纪、20 世纪大多数欧洲国家常用的另外三类天然水硬性石灰，"弱水硬性石灰"、"中等水硬性石灰"和"强水硬性石灰"分别以 NHL2 、NHL3.5 和 NHL5 归入 2001 版欧标天然水硬石灰的亚类下。之后 2010 版建筑石灰欧标侧重考虑建筑石灰产品和市场的发展需求，为便于用户判断使用，按照石灰固化的条件，将石灰分成了两大类：气硬性石灰和水硬性石灰。在此大类下再进行亚类的细分，

表 2-2　作为首版石灰欧标参考的 1995 版英标与德标

英标 BS 890：1995

钙质石灰 90	Calcium Lime 90	（CL90）
钙质石灰 80	Calcium Lime 80	（CL80）
钙质石灰 70	Calcium Lime 70	（CL70）
镁质石灰 85	Dolomitic Lime 85	（DL85）
镁质石灰 80	Dolomitic Lime 80	（DL80）

德标 DIN 1070：1995

钙质石灰 90	Weißkalk 90	（CL90）
钙质石灰 80	Weißkalk 80	（CL80）
钙质石灰 70	Weißkalk 70	（CL70）
镁质石灰 85	Dolomitkalk 85	（DL85）
镁质石灰 80	Dolomitkalk 80	（DL80）
水硬石灰 2	HydraulischerKalk 2	（HL2）
水硬石灰 3.5	HydraulischerKalk 3.5	（HL3.5）
水硬石灰 5	HydraulischerKalk 5	（HL5）

将原有的钙质石灰（CL）、镁质石灰（DL）归为气硬石灰大类下，将原有的天然水硬石灰和水硬石灰归于水硬性石灰大类下，同时新增"调合石灰（FL）"。最新 2015 版欧标建筑石灰标准依然延续这一分类法则，未作出任何分类上的变动（表 2-3）。

2010/2015 版与以前标准版本的最大区别是增添了"调和石灰"，也称混合石灰，为气硬石灰或天然水硬石灰配制的石灰，对该类石灰 2010/2015 版规定中最主要的一条就是要求厂商必须要注明其中是否含有水泥，并说明这类石灰主要用于新建筑上，而用于老建筑修复的石灰应为天然水硬石灰。事实上，英国遗产首版实用建筑保护系列丛书之一《砂浆、粉刷和灰浆》（*Practical Building Conservation：Mortars，Renders & Plasters*）中出于某种折衷的目的将这种石灰推荐为保护工程的备选材料，一是由于当时石灰市场上很难获得高品质用于修复的无水泥石灰；二也是某种经验性的推测。但后来的研究表明，在非水硬石灰中添加少量的水泥，其结果会产生一种非常不牢的砂浆。此外，水泥中所含的水溶性盐也会导致历史建筑面层的破坏。因此，2010 版建筑石灰标准作出这项修订的主要目的之一，就是将水泥逐渐从用于建筑修复的石灰市场中排出。

表 2-3　石灰欧标 2001 版与 2010/2015 版对石灰的分类（蓝色表示新调整的部分）

		石灰类型	分类
2001 欧标 EN 459		钙质石灰 （Calcium Lime）	CL90 CL80 CL70
		镁质石灰 （Dolomitic Lime）	DL85 DL80
		天然水硬石灰 （Natural Hydraulic Lime）	NHL2 NHL3.5 NHL5
		水硬石灰 （Hydraulic Lime）	HL2 HL3.5 HL5
	石灰属性	石灰类型	分类
2010 / 2015 欧标 EN 459	气硬石灰 （Air Lime）	钙质石灰 （Calcium Lime）	CL90 CL80 CL70
		镁质石灰 （Dolomitic Lime）	DL90 DL85 DL80
	水硬性石灰 （Lime with hydraulic properties）	天然水硬石灰 （Natural Hydraulic Lime）	NHL2 NHL3.5 NHL5
		调合石灰（Formulated Lime）	FL2, FL3.5, FL5
		（狭义）水硬石灰 Hydraulic lime	HL2, HL3.5, HL5

　　在 2010 版欧盟建筑石灰标准还未出版之际，标委会内部便着手新一轮的修订标准，其中一条重要的提案就是在 2015 版标准中引入天然水硬石灰 NHL1（事实上 2010 版石灰标准出台之际，英格兰东南部就已经引进了这种石灰）。这项提议的缘由在于，欧标中的天然水硬石灰 NHL2、NHL3.5、NHL5，与历史上的"弱水硬性石灰"、"中等水硬性石灰"和"强水硬性石灰"实际上并不是一回事。前者石灰强度的标定是基于 28 天后的最小强度，简单而言，即 NHL2 与"中等水硬性石灰"对应，NHL3.5 与"强水硬性石灰"对应，这样欧标中对于过去普通建筑上常用的"弱水硬性石灰"就存在空缺（图 2-1）。而在历史建筑保护修复中越来越强调后介入修复材料的强度要低于历史材料风化后的强度，将 NHL1 低强水硬石灰纳入欧标对建筑保护修复材料的规范化、市场化有重要的意义，但最终这项提案

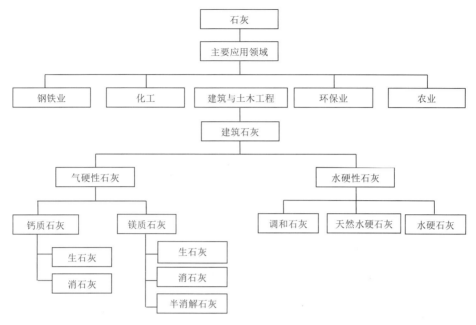

图 2-3 欧标建筑石灰附录 C 有关石灰类型及其应用领域示意图

并未通过。

如果更进一步分析，欧盟建筑石灰标准的制定为何能够做到如此紧扣建筑市场的需求，原因在于对建筑石灰标准的制定方除石灰生产企业外，主要来自建筑师和土木工程师（图2-3）。这样就把对石灰有着不同认识、需求和应用标准的各方各自独立开来，因而标准的制定就更具针对性。

2.3 本书采用的石灰及定义

按硬化机理，将石灰分成气硬石灰（Air lime）及水硬性石灰（lime with Hydraulic properties）是科学合理的，因为这种分类方式避免了歧义。在此大分类下，再将气硬石灰按化学成分，分为钙质石灰和镁质石灰，将水硬性石灰按生产流程及组分进行亚类划分，不仅能使生产企业得以规范，而且也方便用户选购。同时，对于水硬性石灰的标号，参照水泥28天抗压强度进行分类，也使得质量检验有规可循（表2-4）。

表 2-4　我国石灰及水硬性石灰按强度及生产过程分类建议（参照 2015 年欧洲标准 EN459-1）

石灰类型 Type	亚类及技术要求 Sub-type and specification		代号 Symbol	28 天抗压强度（Mpa） Compressive strength in 28d
气硬性石灰 Air Lime （hydrated lime）	钙质石灰 Calcium Lime		CL	–
	镁质石灰 Dolomitic Lime		DL	–
具水硬性的石灰 lime with Hydraulic properties	天然水硬石灰 Natural Hydraulic lime	由天然泥灰岩烧制、消解而成，不添加任何助剂	NHL1	0.5~3
			NHL2	2~7
			NHL3.5	3.5~10
			NHL5	5~15
	调合石灰（Formulated Lime）	指添加各种石灰、水泥、矿渣、硅微粉等配制出的具水硬性的石灰，当水泥含量大于 10% 时必须标注	FL2	2~7
			FL3.5	3.5~10
			FL5	5~15
	（狭义）水硬石灰 Hydraulic lime	由活性组分等生产的非天然水硬性石灰，如火山灰石灰	HL 2	2~7
			HL3.5	3.5~10
			HL 5	5~15

　　虽然我国现行的标准并未将水硬性石灰纳入标准，欧洲也未将 NHL1 纳入最新标准，但本书仍然认为我国未来的石灰标准修订中应将天然水硬石灰 NHL1 纳入我国天然水硬石灰的亚类中，原因有三点。第一，初步研究说明我国现有石灰生产企业，拥有适合烧制天然水硬石灰的矿山资源（图 2-4），其含有少量硅质、泥质石灰岩（5% 左右 SiO_2，Al_2O_3），这类石灰岩烧制而成的天然水硬石灰强度低于欧标 NHL2，而又高于气硬性石灰，纳入标准将给其提供合理合法的生存空间。第二，除了欧洲传统上，如德国的传统水石灰（Wasserkalk，water lime，K. Kraus，1993）属于 NHL1，我国也有"弱水硬性"的传统石灰，按照《天工开物》干法消解的不纯石灰石烧制的石灰也可能为"弱水硬性"石灰。考虑到我国含有硅质的生物贝壳等烧制出来的石灰干法消解，其性能既不同于现有标准的 NHL2，也不同于气硬性石灰，有必要为其单作分类。最后也是最重要的一点，我国历史建筑保护正处于上升阶段，有大量的历史建筑保护和文物修复中需要修复，考虑到后介入修复材料的强度要低于历史材料风化后的强度，将 NHL1 低强水硬性石灰纳入石灰亚类中可为未来文物保护提供重要的法律保障。

图 2-4　适合烧制气硬石灰的原材料：块状石灰岩（产地：南京）

2.3.1　气硬性石灰

　　气硬性石灰就是需要在空气，更准确说需要二氧化碳（CO_2）气体参与作用下，才能固化的石灰。气硬性石灰是由较纯的石灰岩石经 800℃ ~1000℃高温煅烧而成的气硬性胶凝材料，也可以形象地理解成园林景观常用的太湖石高温烧制后的产物。

　　气硬性石灰又分为：生石灰和熟石灰。生石灰粉是由块状生石灰材料磨细而得到的细粉，其主要成分是 CaO；熟石灰粉是块状生石灰用适量水熟化而得到的粉末，又称消石灰，其主要成分是 Ca（OH）$_2$（图 2-5）。

　　气硬性石灰的固化反应如下：

　　Ca（OH）$_2$+CO_2+H_2O → $CaCO_3$+$2H_2O$

　　这一反应是必须有二氧化"碳"参与才能发生，也叫作碳化作用。因此，储存在石灰池中的石灰，只要表层有水隔绝空气，池甲的石灰便不会固化，因为二氧化碳（CO_2）在水中的扩散速度非常非常慢（图 2-6）。

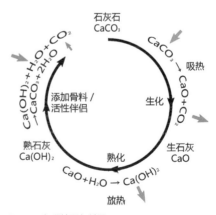

图 2-5　气硬性石灰循环

图 2-6　某历史建筑修复工地的石灰池

　　气硬性石灰也可以通过添加活性组分而变成水硬性石灰（有关气硬性石灰的特点、应用等可见本书第 3 章）。除了钙质石灰（CL），还有镁质石灰（DL，我国 2013 年石灰标准将镁质石灰简称为 ML），其由白云石石灰岩烧制而成。镁质石灰与钙质石灰相比，其硬化机理相似（图 2-7），但其早期碳化速度要慢一倍以上（图 2-8），而对其后期的硬化机制目前的研究还不完善。另外，研究还发现，镁质石灰具有好的施工性、高强、低吸水率等优点。在美国，如今依然可见

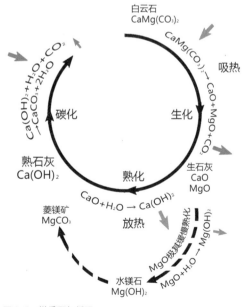

图 2-7　镁质石灰循环

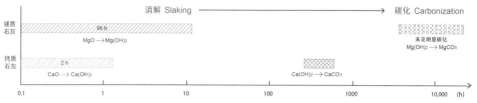

图 2-8 钙质石灰生石灰粉与镁质石灰生石灰粉在喷淋雾水下的消解与碳化过程比较
（参照 Anna Arizzi & Giuseppe Cultrone，2012 实验绘制）

其应用于历史建筑及新建筑中（J.Schork，2012），但我国目前还没有镁质石灰应用于文化遗产工程的相关报道。

2.3.2 水硬性石灰

具有水硬性的石灰（lime with hydraulic properties，简称水硬性石灰）是指在水中能固化的石灰，但碳化反应对水硬性石灰的固化也起积极作用。水硬性石灰的水硬性只源自其原材料，这种固化是指只添加水，不添加任何其他物质的"清浆"在水中发生的固化。而自身在水中不能固化，只有添加骨料、活性"伴侣"等才能在水中固化的石灰，仍然是气硬性石灰。

具水硬性的石灰按照其生产流程、原材料来源及组成分成了三类，分别为天然水硬石灰（natural hydraulic lime，NHL）、调合石灰（formulated lime，FL）和狭义的水硬石灰（hydraulic lime，HL）。

天然水硬石灰（NHL，注意：这里没有"性"）定义为含有一定量黏土或硅质的石灰岩经煅烧后消解而成的粉末。所有的天然水硬石灰都具有水硬性，空气中的二氧化碳能对硬化起促进作用。采用天然的含有硅质或泥质的石灰岩，经煅烧后（温度900℃~1200℃，低于水泥烧成温度），经过或不经过研磨消解而成（图2-9）。若因研磨而需添加研磨介质，添加量不超过

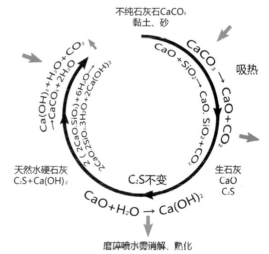

图 2-9 天然水硬石灰循环

图 2-10 天然水硬石灰原材料：条带状泥灰岩（硅质灰岩）

0.1%，同时不允许添加其他任何材料于天然水硬石灰中。这样生产的天然水硬石灰主要由二钙硅石（$2CaO \cdot SiO_2$，简写成 C_2S）、熟石灰 $Ca(OH)_2$、部分三钙硅石（$3CaO \cdot SiO_2$，简写成 C_3S）、铝钙石、铁钙石、部分生石灰 CaO、部分没有烧透的石灰石 $CaCO_3$ 及少量黏土矿物、石英等组成。天然水硬石灰是目前的研究热点，有关天然水硬石灰性能及应用，见本书的第 4 章。

调合石灰（FL）主要是由气硬石灰、天然水硬石灰和具有水硬性的活性组分，如火山灰等配制而成的水硬性石灰，不含或含少量水泥，按照 2015 年欧洲标准 EN459-1 的要求，调合石灰必须标明它其中的成分，如是否添加有水泥等。按欧标规定，只要某单一组分含量超过 5% 或者其他组分的总和超过 10%，就应该定义为调合石灰。

调合石灰是早些年创造的石灰术语，目的一是如前文提到的，将参有水泥的石灰排出保护市场，另外是为了让使用者获得性能经过优化的石灰，但又能明确知道其组分的石灰，便于合理使用。

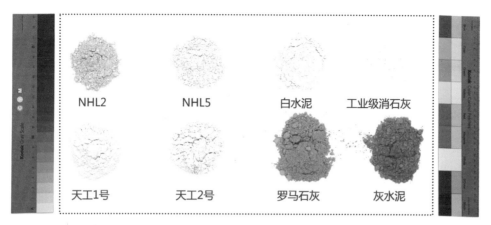

图2-11　石灰家族的颜色示例

NHL2　　NHL5　　白水泥　　工业级消石灰

天工1号　　天工2号　　罗马石灰　　灰水泥

水硬石灰（HL）是由气硬性石灰添加水泥、粉煤灰、硅微粉、石灰岩粉等组成的，按照最新欧盟工业标准要求，生产厂家没有义务标明狭义水硬石灰的主要成分。这类石灰主要应用到大量民用建筑工程，如砌筑、抹灰等。

2.3.3　罗马石灰

罗马石灰，又称作罗马水泥，是采用黏土含量很高的泥灰岩或石灰质泥岩烧制直接粉磨（不加水消解）而成的。这种几乎不含有氢氧化钙的石灰，孔隙度比水泥高，但是由于它的强度过高，脆性比较大，只在特殊的历史建筑和文物修复中才会采用，如早期采用罗马石灰建造的建筑在保护修复中仍然会采用罗马石灰。

2.4　石灰的颜色

一般提到石灰，人们通常想到的就是白色的石灰，而且通常会直觉地认为越白质量越好。但通过上文的描述，我们已经知道石灰的颜色与质量并没有关联。石灰家族的颜色也可按人类肤色种类作类似区分，从白色到不同深浅的灰、黄、褐等。气硬性消石灰一般为白色，水硬性石灰随组分不同而呈现不同的颜色（图2-11）。不同时期烧制出来的天然气硬性消石灰、天然水硬石灰由于原材料等原因，在颜色上也存在细微的差别。

本章小结

我国虽然具有几千年的石灰使用历史，消解方式有"风吹"、"水沃"等。石灰种类包括生石灰、消石灰、蜃灰等，石灰使用更是样式繁多、功能各异，例如糯米石灰、油灰、麻刀灰、血料灰等，但是一直没有形成完整的石灰分类体系。

随着水硬性石灰的优势不断显现，特别是在建成文物遗产的保护中的应用优势，西方国家首先对石灰进行重新分类，并不断完善。国际普遍认可的做法是，根据石灰的固化机理将石灰分为气硬性石灰和水硬性石灰两大类。

我国现行的石灰标准（1992年和2013年两版）中规定的石灰类型只属于欧洲标准中的气硬性石灰部分，对水硬性石灰并未提及。欧盟石灰标准中对石灰进行了更加全面、系统的划分，不仅将石灰划分为气硬性石灰和水硬性石灰两大类，还对其进一步的亚类细化。其中气硬性石灰包含钙质石灰和镁质石灰，以及更进一步的等级划分（与我国现行石灰标准基本一致）；水硬性石灰则细分为天然水硬石灰、调和石灰、水硬石灰三个亚类，并根据与水泥强度相同测试方法获得的28天强度，分别进行了不同等级的划分。需要强调的是，水硬性石灰，特别是天然水硬石灰90%左右的最终强度，形成于28天后。

从建成文物遗产的保护修复出发，作者认为我国未来的石灰标准制定中，应纳入暂未被纳入2015欧盟标准的NHL1强度的天然水硬石灰（对应欧洲历史上的弱水硬性石灰），因为我国部分传统消石灰极可能属于这一类型。这一亚类石灰的合理合法化，有利于我国文物修复市场中对石灰的应用和控制。

3 气硬性石灰应用需要注意的问题

3.1 气硬性石灰的原材料及其烧制、消解

适合烧制气硬性石灰的原材料是含有较高的碳酸钙或白云石的天然石材或生物体，如石灰石、汉白玉、珊瑚、牡蛎壳等。煅烧后的生石灰中氧化镁含量超过 5% 的石灰，称为镁质石灰。牡蛎壳烧制的石灰又称蜃灰，其含有少量硅质、泥质成分，烧制后若经干法消解，"风吹成粉"将含有一定的水硬组分，性能方面可能接近 NHL 1。

烧石灰的传统燃料为煤、木柴或木炭，欧洲工业化生产采用的是焦炭。中国现代大多数石灰厂采用是无烟煤，近年来也有采用电或煤气。采用无烟煤烧制的石灰与采用木炭烧制的传统石灰在微量组分（如 SO_3）、固化等性能方面存在哪些差异，目前尚无研究报道。

3.1.1 钙质石灰的烧制与消解

高钙的石灰石烧制成生石灰的化学反应（calcination）为（图 3-1）：

$$CaCO_3（100g）+ 能量（431kcal）= CaO（56g）+CO_2（44g）$$

适合的烧制温度为 900℃ （非常科学的数据是 898℃ ~902.5℃），如烧制的温度高，会产生所谓的过火石灰。过火石灰产生局部熔融，密度高、出灰量低，且

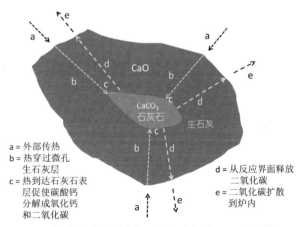

图 3-1 石灰石烧制过程热的传导、生石灰形成过程及 CO_2 的扩散图
（参照 Oates，1998，重绘）

图 3-2 干法消解过程生石灰的变化（依次为 0 天，3 天，7 天）

有后期膨胀性能，不适合作为建筑石灰使用。如温度过低或烧制时间不足，则有未烧透的岩片残余。

钙质石灰的消解（slaking）指采用水使生石灰（quick lime）"熟化"成熟石灰（slaked lime）过程，钙质生石灰在消解过程中会放热，发生体积膨胀，其化学反应如下：

$$CaO（56g）+H_2O（18g）\rightarrow Ca（OH）_2（74.1g）+ 热量$$

按照添加水的多少，可以把消解过程分成干法消解（dry slaking）和湿法消解（wet slaking）。干法消解（dry slaking）一般添加理论值的双倍水量至生石灰中，将生石灰转变为消石灰粉（hydrated lime），$Ca（OH）_2$主要呈粉末状（图 3-2）。湿法消解是将生石灰加入至过量的水中消解，过滤后得到的是石灰浆（lime water）或石灰膏（lime putty）。

3.1.2 镁质石灰

含镁的石灰石或者白云石石灰石在 510℃~750℃煅烧形成镁质生石灰，烧白云石简化的化学反应式如下：

$$CaCO_3 \cdot MgCO_3（184g）+ 能量（723kcal）\rightarrow CaO \cdot MgO（96g）+2CO_2（88g）$$

镁质生石灰的消解要复杂些（图 2-8），其中的 CaO 会消解成 $Ca（OH）_2$，而氧化镁(方镁石)在常温常压下消解非常缓慢，只有大约 25% 会转变成氢氧化镁：

$$CaO \cdot MgO（96g）+H_2O（18g）\rightarrow Ca（OH）_2 MgO（114.4g）+ 热量$$

$$MgO（方镁石）+H_2O \rightarrow（缓慢）\rightarrow Mg（OH）_2（水镁石）+ 热量$$

镁质石灰应用于建筑中，由于 MgO 的持续缓慢消解及可能发生的水镁石碳化，使镁质石灰砂浆的强度要高于钙质石灰。

3.1.3 烧制石灰的碳排放问题

从前面的分析可以看出，在烧制石灰的时候，一个分子的碳酸钙会释放出一个分子的 CO_2，即生产 1 吨的钙质生石灰就会产生 786 千克的二氧化碳，即会产生碳排放。但是石灰石本身释放出的碳完全被其固化（碳化）时吸收（图 2-5），这是为什么石灰被认为是生态材料的原因之一。

3.2 气硬性石灰的固化与自愈——碳化

3.2.1 气硬性石灰的碳化

前文已详细阐明石灰石高温烧制后的产物为生石灰，生石灰加水变成熟石灰，即石灰的消解与熟化。如果加水的量正好够生石灰消解用，得到的产物是消石灰粉（hydrated lime）。如果加水很多，得到是膏状的石灰，叫作石灰膏（lime putty）。如果石灰膏里面再添加草纸、稻草、麻刀、竹丝等，就是纸筋灰、麻刀灰等。

不同阶段的石灰均可以应用到历史建筑修缮和文物保护中。如生石灰消解过程中放热，而且可以将生石灰与砂等骨料先拌合消解，然后加水使用，这个技术称之为热石灰技术（hot lime technology）（热石灰技术见本章 3.4 节）。

气硬性石灰的固化需要空气中的 CO_2 的参与，因此将这类石灰命名为气硬性石灰：

$$Ca(OH)_2 + CO_2 + H_2O \rightarrow CaCO_3 + 2H_2O$$

这一反应因为必须有二氧化"碳"的参与，所以称之为"碳"化（Carbonation）。一般情况下，特别是采用石灰抹面时，必须保证碳化的正常发生。碳化的发生需要空气，更确切地说是空气中的 CO_2。同时，气硬石灰的硬化也需要一定量的水参与。如果水太少，碳化速度过慢；水太多，CO_2 渗透速度过慢，碳化速度也会过慢。当石灰完成固化后，需要多余的水及时扩散出去，否则石灰的最终强度会过低，存在不耐冻融等后遗症（图 3-3）。

如果石灰被水盖住，或被致密的石材、不

图 3-3　故宫午门城楼粉刷面多种原因导致的传统气硬性石灰病害（北京）

透气涂料等隔挡，或处在密封环境（如地下室、墓室），空气进不去，碳化反应将不能正常发生。但这是保存气硬性石灰的有效方法，也是使促使灰土、三合土固化的有利环境（见第5章）。

3.2.2 气硬性石灰的自愈

消石灰 $Ca(OH)_2$ 在水中有一定的溶解性能，如20℃时，1升水中可以溶解1.7g，完全碳化后的碳酸钙则几乎完全不溶于水（表3-1）。

表3-1 不同钙在水中（20℃）的溶解性能

	溶解度（g/L）
$Ca(OH)_2$	1.7
$CaCO_3$	0.000529
$Ca(HCO_3)_2$	166

当石灰材料，如面层灰浆等发生开裂时，没有碳化的 $Ca(OH)_2$ 会随湿气迁移到裂隙中，如果遇到空气中的二氧化碳，则发生碳化，如遇到活性二氧化硅等，则发生胶凝反应，最终黏合裂隙（图3-4，图3-5，图3-6）。

保障自愈作用的一个前提是材料体内有足够的未碳化的氢氧化钙，这是我国传统工法倾向使用纯石灰，以及欧洲采用"肥"石灰（含有大量纯石灰的石灰砂浆）的一个科学背景。

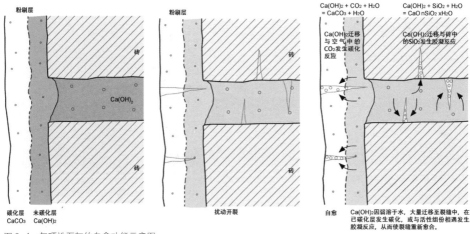

图3-4 气硬性石灰的自愈功能示意图

图 3-5　石砌体的灰缝的愈合裂缝（河北，明代）

图 3-6　石灰渗透至砖中愈合裂缝（南京大报恩寺明代砌体）

3.3 气硬性石灰的"伴侣"——传统方法

碳化形成的碳酸钙，遇空气和水的情况下，也会溶解流失，化学反应式为：

$$CaCO_3 + CO_2（空气）+ H_2O（水）= Ca（HCO_3）_2$$

$Ca（HCO_3）_2$ 在 20℃中的溶解度为 16.6 g/100 ml，高于 $Ca（OH）_2$。因而一般认为纯的气硬性石灰不耐水，一方面是没有固化的石灰强度低，化学成分不稳定；另一方面，固化后的石灰尽管强度增加，但遇酸雨时容易被淋蚀。

因此，使用气硬性石灰作为装饰面层时，应使消石灰、石灰膏等尽快碳化，形成碳酸钙。同时，要保证形成的碳酸钙面层远离雨水（酸雨地区尤其要重视此问题），或者添加一定的组分降低气硬石灰的吸水性、提高强度，增加耐水、耐久性，传统方法有以下几种：

（1）将气硬性石灰变成水硬性

在气硬性石灰中添加水硬性组分，使石灰的强度等增加。

具有活性水硬性组分的传统材料有：低温烧制的黏土砖碎片或粉末，（北方俗称砖药）、火山凝灰岩、稻草灰等，稻草灰中含有微细的的活性 SiO_2 可以增加气硬性石灰的强度。现代材料有偏高岭石、粉煤灰、硅微粉等。

火山凝灰岩粉与气硬性石灰混合，是最早的人工合成的水硬性石灰（火山灰石灰）。研究表明，低温烧制的黏土砖含有较高的活性 SiO_2 及 Al_2O_3，因而添加砖面水的石灰固化后具有很好的耐久性，这是我国和欧洲共有的传统做法（图 3-7）。

工厂生产中，若事先将活性组分添加到气硬性石灰中并经配方优化，则可制成调和石灰或水硬石灰（调合石灰、水硬石灰的定义见第 2 章，其与天然水硬石灰的区别见第 4 章）。

传统配方有：

砖药：砖面四份，白灰膏一份加水调匀。或七份灰膏三份砖面加少许青灰加水调匀。

砖面水：把砖碾成细粉末加水调成浆状。

掺灰泥：泥七份，泼灰三份加水闷透调匀。

（2）添加桐油、树胶等降低吸水性能

按照《中国古建筑修建施工工艺》的描述，添加生桐油的石灰可制成油灰、麻刀油灰等。

图 3-7　添加红色砖粉（面）抹灰（南京，明孝陵）

传统配方有：

　　油灰：面粉加细白灰粉（过绢箩）加烟子（用熔化了的胶水搅成膏状）加生桐油（1：4：0.5：6 重量比）搅拌均匀而成（传统石灰工艺也添加其它天然胶增加特殊性能，如防水性能）。

　　麻刀油灰：用生桐油泼生灰块，过筛后加麻刀（100：5 重量比）加适量面粉加水用重物反复锤砸而成。麻刀油灰一般用于粘接石头。

　　从化学角度，桐油灰浆良好的物理性能主要源于桐油固化过程中发生交联反应而形成的致密片层状结构，以及桐油由于与 $Ca(OH)_2$ 发生配位反应而生成立体网状结构的羧酸钙。

　　桐油石灰与没有添加桐油的石灰比，透气性降低，因而只适用需防雨水的墙面裂缝嵌缝，不合造地面石材或墁砖的勾缝（图 3-8）。

图3-8　麻刀油灰适合建筑立面的嵌缝（左），不合适地面（右）

（3）降低收缩性能

通过添加纤维（毛发、麻、稻草、棉花、竹丝等）、砂、泥、碎砖、砖粉（或叫砖面）等，降低收缩性能，增加附着力及耐久性。

传统配方有：

大麻刀灰：泼浆灰或泼灰加麻刀（100∶5重量比）加水搅匀而成。7公分、用于做灰背（屋面需要耐久性好的石灰，泼灰可能含一定水硬性组分，麻刀降低开裂）

小麻刀灰：泼浆灰或泼灰加短麻刀（100∶1~4重量比）加水搅匀而成。

纸筋灰：先将草纸用水闷烂，再放入煮浆灰内搅匀。

（4）添加其他有机质

研究证明，添加糯米（江米）可以加速消石灰的碳化，增加其早期强度，而血料可延缓碳化，血料中的蛋白质可能会增加石灰的耐久性。但确证添加有机质的石灰多年的具体工程应用案例追踪极少，因而对其应用的科学效果评估的研究成果不足。

传统配方有：

江米浆：生灰加江米（6∶4重量比）加水煮，至江米煮烂为止。

地仗材料血料：灰块∶水为1∶3.5~4（重量比）配制石灰浆，新鲜猪血浆∶石灰浆为100∶8~100（重量比）。

上述改变气硬石灰性能的方法、原理及副作用总结如表 3-2 所示。

表 3-2　气硬性石灰改性材料

目标	材料	原理	副作用
通过添加水硬性组分，增加强度和耐水性	传统材料，如火山灰、活性石粉、活性黏土等	消石灰（氢氧化钙）与活性二氧化硅、三氧化二铝反应形成硅酸钙、铝酸钙等	石灰变脆
	人工材料：传统砖面 现代材料：粉煤灰、硅微粉、矿渣等		石灰变脆，且有水溶盐
降低吸水性	天然油料，如桐油、树胶等	和石灰发生反应，形成新的憎水物质；或填充孔隙	透汽性降低
	合成树脂，如丙烯酸	密封石灰颗粒之间的空隙	
降低收缩性	添加纤维，如植物纤维、麻或动物毛发等	利用纤维材料的韧性	腐蚀后产生次生孔隙
	添加骨料，如河砂等	骨料在固化过程中可稳定形体	未知
其他	糯米、红糖、猪血等	增加粘结力；部分机理尚未完全被认知	带入生物营养物
颜色	砖粉、色土等	天然无机，而且具有一定的活性	未知

3.4　热石灰（hot lime）

热石灰技术多用于文物保护（表 3-3），是利用生石灰消解过程中发热、膨胀等性能的一项技术。研究表明，热石灰与常规石灰（消石灰或石灰膏等）相比具有更高的强度、更好的抗冻性能等，特别适合潮湿、寒冷地区文物建筑保护修复，应用得当，可以起到意想不到的效果（图 3-9，图 3-10）。但同时需要说明的是，目前对于热石灰的物理、化学原理还尚存许多未知。

表 3-3　应用于文物保护的热石灰应用部分工法

类型	制备方法	应用范围
热石灰浆	生石灰块入水，待不发泡后过筛，用其浆料，现配现用	砖石裂缝灌浆
灰土浆	30% 生石灰粉（≤ 40 目）+70% 筛分干土，加水搅拌达到注浆稠度后采用低压注浆。（2006-2007 山西平遥保护研究开发）	城墙、地基等生土建筑裂缝填充
泥塑	30% 生石灰粉（≤ 40 目）+70% 筛分湿土（含水率约 15% ~20%）+ 细麻绒 0.5%，混合均匀，放置密封容器 2 周，加水调匀修补泥塑	可以添加一定量的砂用于泥塑修补
砌筑 / 抹面砂浆	将生石灰块、粉，约 25% 与砂（约 75%）等混合，喷洒少量的水，自然消解一定时间（2~4 周）后使用的方法。	砖石砌体砌筑与抹面
夯筑	将生石灰块、粉，约 20% 与湿土、砂等混合，利用生石灰放热去湿，闷 1~2 天夯筑	特别适合南方潮湿地区或潮湿

图 3-9　采用热石灰浆无压力注浆填缝（北京钟楼）

图 3-10　采用热石灰技术配制的灰泥修复泥塑

3.5 气硬性石灰物理改性——分散石灰

为发扬石灰的优点，使其应用不仅局限于历史建筑保护修缮中，更能拓展至新建筑中。近十年来，国内外相关科研人员开展了大量研究工作。

前人的研究工作主要有以下两个方向。

第一个研究方向是"化学法"改进石灰。采取类似古代在石灰中添加桐油的方法，在石灰中添加有机合成树脂，如丙烯酸树脂乳液，增加石灰的黏结性。但是这样制成的石灰材料中含有 5%~10% 的有机合成树脂以及多种不同的助剂，已经不是经典传统意义上的石灰材料。这类材料除在新建筑装饰领域有应用外，在历史建筑修缮、文物建筑保护领域的应用受到很大的限制。

图 3-11　人工捶灰（海口）

第二个研究方向是"物理法"改进气硬性石灰。传统的改进方法是通过捶打来实现（图 3-11）。具体操作方法为：将消石灰粉加一定量的水、麻刀或泡制的纸筋、竹丝反复捶打，降低空气含量和水份，并同时降低消石灰的颗粒大小，使其更宜碳化，但采用这一方法尚缺乏量化的研究（图 3-12）。需要注意的是，由此得到的捶灰适合石灰抹灰、灰塑等，但不能作装饰涂料用。

图 3-12　捶灰质量检验（气孔的大小及含量是关键）

　　现代"物理法"改进气硬性石灰是分散法，原理是通过添加少量特殊的非合成树脂类添加剂，通过机械分散工艺，使石灰 Ca（OH）$_2$ 的颗粒变小，增大比表面积，加快碳化结晶速度，从而增加其强度和本身的黏结力。此方法已经由同济大学申请了发明专利。

　　气硬性钙质石灰的主要成分为 Ca（OH）$_2$，其固化反应式中 $CaCO_3$ 有较高的强度，在中性水中几乎不溶解，具有黏结性能，但其强度、黏结性能及耐水、耐冻性能等主要取决于其晶体结构。当其晶体大如汉白玉时，$CaCO_3$ 的强度高，耐水、耐冻；而当 $CaCO_3$ 晶体结构微小时，或者没有结晶呈微细的颗粒时，其强度低，附着力差，不耐水、不耐冻。这就是为什么汉白玉与普通的碳化后石灰化学成分虽然一致，但在强度等性能上却有天壤之别的重要原因所在。

　　高剪切分散工艺可以使熟石灰的比表面积增大，通过添加增稠材料如纤维素类材料，使熟石灰吸附大量水分，保证其与空气中的 CO_2 能够正常快速地进行碳化反应。研究证明，普通石灰的拉拔强度为 0.05MPa 左右，而分散石灰的拉拔强度可以提高十倍达到 0.5MPa 以上，其附着力的增强可以保证其不掉粉。实验还表明，15 个冻融后普通石灰质量损失率达 100%，而分散石灰的质量损失一般小于 15%（表 3-4）。

就分散石灰的应用而言，其可替代水泥及有机树脂，作为无机类材料如砖、石等的黏结剂、修补剂；也可替代传统石灰，作为砌筑、勾缝等新建及修缮工程、室外装饰等工程材料。

表 3-4　不同分散石灰的性能比较

	分散石灰 C 型	分散石灰 F 型	德国某公司石灰
固含量 %	55	54	65
骨料含量 %	10%（汉白玉粉）	0	15%（80~100 目汉白玉粉）
7 天抗拉强度 / 碳化深度	0.75MPa/ ≤ 1mm	0.69MPa/ ≤ 1mm	0.28MPa/3~4mm
28 天抗拉强度 / 碳化深度	1.45MPa/3~4mm	1.40MPa/3~4mm	0.31MPa/7~9mm
毛细吸水系数（ kg/m² • h^{0.5} ）	6.3	2.5	4.5
起粉性能	施工后 24 小时后不掉粉	施工后 24 小时后不掉粉	施工 7 天后掉粉

3.6　高科技石灰：无水纳米—微米石灰

2008 年开始，欧盟开展纳米石灰的研究（项目名称：Stonecore—石材保护核心技术研究，项目代号 European Commission Grant Agreement No： NMP-SE-2008-213651）。此项目重点是为解决类似南京大报恩寺御碑、花山岩画、石灰粉刷、壁画等各种碳酸岩的毛细裂隙及风化石灰质文物的黏结加固问题，同时也尝试找到去除及预防霉菌的生态方法。

消石灰 $Ca(OH)_2$ 在水中有一定的溶解性能（表 3-1），并且这种方式溶解的石灰颗粒很小，但存在浓度太低的问题，因而对材料的保护加固几乎没有意义。纳米石灰（Nano Lime）使用颗粒为纳米大小的石灰乳，浓度可以配制成 5~50g/L。

纳米石灰生产有两种方法：Top-down（由大变小）和 bottom-up（由小变大）。

欧洲尤其是德国近年来在纳米石灰的研究上取得了重大进展，通过采用 bottom-up（从分子到纳米）的工艺，将金属钙与有机醇类经过聚合成醇化钙 $Ca(C_2H_5O)_2$，再由醇化钙水解得到 50~250nm 的细颗粒纳米级石灰。

合成：

$$Ca + 2C_2H_5OH \rightarrow Ca(C_2H_5O)_2 + H_2$$

水解：

$$Ca(C_2H_5O)_2 + 2H_2O \rightarrow Ca(OH)_2 + 2C_2H_5OH$$

与普通的石灰乳相比，纳米石灰具有颗粒小、高渗透性、无水、高流动性等特点，纳米石灰固化的实验研究表明（Daehne & Herm，2013），纳米石灰新形成的无机粘合剂石灰与旧石灰之间很好的咬合，适用于重要石灰材料如灰塑的加固、黏结、石灰岩表面防风化等。但同时需要注意的问题是，由于纳米石灰颗粒太小，絮凝快，实际工程应用中也会因此受到一定限制。

微米石灰是采用 Top-down 方法制备，即采用高纯度的 Ca（OH）$_2$ 经过特殊分散工艺分散至醇中，氢氧化钙颗粒大小 1~3 微米（图 3-13），与纳米石灰比较，微米石灰具有更好的仓储稳定性。

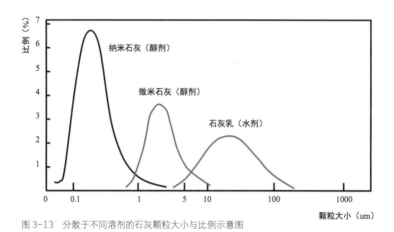

图 3-13 分散于不同溶剂的石灰颗粒大小与比例示意图

无水微米 - 纳米石灰具有非常好的应用前景（见第 5 章和第 10 章）。作为分散石灰的溶剂，水与醇的最大区别在于二者具有完全不同的表面张力，25℃正常情况下，水的表面张力为 72×10^{-3}N/m，无水乙醇的表面张力为 24×10^{-3}N/m，而异丙醇的表面张力为 21.4×10^{-3}N/m（表 3-5）。可以看出，醇类的表面张力只有水的 1/3 左右，低的表面张力使醇具有良好的渗透性，因而分散在醇中的氢氧化钙具有比水载石灰乳更好的流动性。此外，醇的密度比较低，利于渗透。不同的醇之间也存在差别，如乙醇的挥发速度大于异丙醇，考虑工程实际操作需要，微米—纳米石灰较多采用异丙醇稀释（表 3-5）。

表 3-5　水、甲醇、乙醇、异丙醇的性能

类别	25℃，常压界面张力（10^{-3}N/m）	密度（g/ml）	挥发性
水	72	0.9971	—
乙醇	22.4	0.7893	易挥发
异丙醇	21.4	0.7855	—

3.7　石灰调色

《营造法式》中所描绘的主要色灰配比，使用的颜料或调色骨料均为天然无机。适合的无机颜料、骨料有：色土（天然的彩色土壤）、烧结黏土砖、无机氧化物颜料（彩色石材磨成的粉）、炭灰等等，高温烧制的砖只可以作为颜料，而低温烧制的砖更具活性，在调色的同时可以提高石灰强度。由于石灰干燥、碳化等不均，可以观察到彩色石灰表面一直存在色花，与有机涂料等质感上存在明显区别（图 3-14）。另外需要说明的是，不耐碱的有机颜料不适合石灰调色，或调配出的颜色在较短时间会发生改变。

图 3-14　传统与现代的彩色石灰右（左，不同年代的彩色石灰，吉隆坡；右，现代彩色石灰）

3.8 石灰砌筑与抹面砂浆基础配合比

鉴于我国尚缺乏采用石灰配制的砂浆配合比，表 3–6 和表 3–7 参照德国有关成熟技术成果，给出应用于不同工程要求的砌筑及抹面石灰砂浆配合比建议。考虑到实际工程，低碱水泥（白水泥、灰水泥）可与石灰混合使用。

表 3–6　石灰砌筑砂浆配合比（参照 WJ Metje 2007 简化），体积比

类型	气硬性石灰		水硬性石灰		水泥 *	砂 **	28 天抗压强度（Mpa）	应用
	石灰膏	消石灰	NHL2	NHL5				
M1	1	–	–	–	–	4	约 1	低强度黏土砖、土坯砖等
	–	1	–	–	–	3		砖石砌筑
	–	–	1	–	–	3		
	–	–	–	1	–	4.5		
M2.5	1.5	–	–	–	1	8	约 2.5	非重要的历史砖石
	–	2	–	–	1	8		
	–	–	2	–	1	8		
	–	–	–	1	–	3		文物，高强度砖石
M5	–	1	–	–	1	6		有安全隐患的高强砖石
				2	1	8		

* 宜选择低碱水泥，根据实际需要选用白水泥或灰色水泥。

** 无机天然砂或人工砂，火山碎块、黏土砖碎粉灰增加强度。

表 3–7　石灰抹面砂浆配合比（参照 WJ Metje，2007 简化），体积比

类型		气硬性石灰		水硬性石灰		水泥 *	砂 **	28 天抗压强度（Mpa）	应用
		石灰膏	消石灰	NHL2	NHL5				
PI	a	1	–	–	–	–	3.5–4.5	–	传统建筑面层
	b	–	1	–	–	–	3–4	–	
	c	–	–	1	–	–	3–4	–	
PII	a	–	–	–	1	–	3–4	–	重要建筑
	b	–	2	–	–	1	9–11	–	非重要建筑
PIII	a	–	0.5	–	–	2	6–8	–	水泥刮糙
	b	–	–	–	–	1	3–4	–	水刷石等基层

* 宜选择低碱水泥，根据实际需要选用白水泥或灰色水泥。

** 无机天然砂或人工砂，火山碎块、黏土砖碎粉灰增加强度，采用色土等调色时需适当减少砂的含量。

上述的配合比为现场配制砂浆的配方。影响砂浆（砌筑或抹灰）质量的因素除了配比外，也与砂、外加剂、水及其添加量、基层处理、施工时温湿度等相关。

如今工厂已经能够预制经实验室优化的干混砂浆（也称作商品砂浆），可以按照项目原始配比进行定制，现场加水直接施工，避免现场混合质量不稳定、环境污染等问题，更能为保护修缮工程节约时间。

本章小结

通常使用的高钙气硬性石灰是碳酸钙为主的石灰岩、大理石、贝壳等在 900℃
左右烧制而成的。烧制出来的石灰为生石灰，洒水干法消解或湿风吹得到消石灰粉，
泡水湿法消解得到石灰膏或石灰乳。气硬性石灰的固化需要空气中的二氧化碳，这
一过程又称作碳化。氢氧化钙在水中具有弱的溶解性能，可随潮气运移到裂纹中再
发生碳化等反应而缝合裂隙，这一现象叫作石灰的自愈。气硬性生石灰单独、也可
以和砂、土等配合直接使用，称作热石灰技术。

气硬性石灰可通过添加桐油、纤维或其他有机质改变其自身的耐水、收缩等物
理性能，也可以通过添加砖粉或灰、泥等水硬性组份变成水硬性石灰。气硬性消石
灰通过捶打、分散等物理方法增加黏结性能及强度。分散在醇中的纳米石灰、微米
石灰（氢氧化钙）等因颗粒小、渗透性高，在壁画、砖石质文物裂隙修复加固等领
域可能存在光明的应用前景。

单纯使用气硬性石灰或与水硬性石灰、水泥混合，也可以配制出强度不同的砌
筑、抹灰砂浆。天然色土、无机颜料、砖粉等可作为调配石灰的颜料，配制出不同
于现代涂料质感的彩色石灰。

4 天然水硬石灰的"天然"在何处

天然水硬石灰成为现代保护材料研究的热点有如下原因：

水泥在文化遗产保护领域出现的问题：水泥在过去 30~40 年几乎统治建成遗产的修复材料市场，但对大量的保护案例跟踪检测、监测发现，水泥对本体造成的伤害远远大于保护，出现"文物没了，水泥还在"的尴尬局面（图 4-1）。即使水泥掺量很低的修复材料，也会对文物本体存在不同程度的侵蚀（图 4-2）。这与水泥的高强、低透气性、高水溶盐，变形系数不同于原材料等有关。

气硬性石灰在强度、耐久性等达不到保护的要求：气硬性石灰由于其固化特点，对施工条件要求非常苛刻，工期长，达不到今天工程管理的要求。

人工合成的水硬性石灰，通过添加火山灰、黏土砖粉、活性高岭土、粉煤灰到气硬性石灰中，具有快速固化特点，虽然其弹性模量高，但比天然水硬石灰脆，容易导致开裂变形。

大量的研究表明，天然水硬石灰，做为建成遗产修复材料，具有足够的强度、好的可施工性、低弹性模量、低水溶盐而成为水泥、人工合成水硬性石灰的替代品。

图 4-1 水泥修复的汉白玉栏杆大约 10 年左右时间出现的差异性风化（北京）

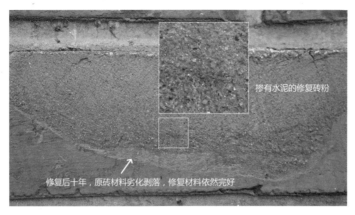

掺有水泥的修复砖粉

修复后十年，原砖材料劣化剥落，修复材料依然完好

图 4-2　水泥配制的修复剂，强度远低于砖，与砖兼容，吸水速度也大于砖，但由于水泥的水溶盐仍然导致局部砖表面损伤（上海，修复时间 2005 年 6 月，拍摄时间 2016 年 10 月）

4.1　天然水硬石灰怎么生产出来的

　　天然水硬石灰采用含有 5% ~25% 的泥质（包括石英 – 硅质，白云石、长石、铁化合物等，化学成分特点：SiO_2 为 4% ~16%，Al_2O_3 介于 1% ~8%，Fe_2O_3 含量为 0.3% ~6%）的石灰岩，破碎成颗粒大小 1~20cm，经 800℃ ~1 200℃ 烧制，再喷淋适量水消解后，粉磨而成（图 4-3）。由于 CaO 与黏土发生反应放热，天然水硬石灰烧制温度较低。

图 4-3　喷水使天然水硬石灰消解（不同水硬性生石灰的消解速度不同，水硬性组分低的生石灰消解很快，而水硬性组分高的条带状生石灰缓慢消解）

按照最新的欧洲标准，天然水硬石灰在整个生产过程中，除了允许添加千分之
一的研磨助剂之外，不允许添加任何的外来材料，它必须由含有泥土或者是硅质的
石灰岩经过煅烧、消解、研磨或不研磨而成，这样避免生产企业添加不可知的外来
物质而影响其纯真性。

　　人工添加泥土、石英砂到石灰岩中烧制出来的具有水硬性的石灰，从严格意义
上来说也不能归入天然水硬性石灰。天然水硬石灰的水硬性必须是源自石灰自身原
材料之间的反应，也就是不添加任何外来材料只添加水就能硬化的石灰。添加有外
来物质的水硬性石灰，按照现有欧洲标准称为调合石灰（成分配比有标识）或狭义
的水硬石灰（成分配比无标识）。

4.2　天然水硬石灰的特点

　　氧化物组成上，天然水硬石灰以 CaO 为主，占 60% 左右，二氧化硅 SiO_2、
三氧化二铁 Fe_2O_3、三氧化二铝 Al_2O_3 等占 20% 左右，与水泥等相比，其中的三
氧化硫 SO_3 含量更低。

　　由于化学组成、烧制温度、消解研磨方法等不同，天然水硬石灰不仅在颜色方
面有差别，而且在固化速度、收缩性能、最终强度等存在差异，而且不同批次之间
还存在颜色、矿物组成的差异，如同葡萄酒一样不仅不同产地口感不同，同一产地
不同年份间也存在差异（表 4-1—表 4-3）。

表 4-1　德国某公司天然水硬石灰 NHL2（按照欧标 459-1）化学成分

成分（%）	测试结果
氧化钙 CaO	59.5
氧化镁 MgO	2.2
三氧化硫 SO_3	0.89
自由钙	25.6
二氧化碳 CO_2	0.7
自由水	0.7
结晶水	—
烧失量（1000℃ ±25℃）	13.9
二氧化硅 SiO_2	14.3
三氧化二铁 Fe_2O_3	1.84
三氧化二铝 Al_2O_3	4.91
合计	97.54

表 4-2　德国某公司 NHL2 物理性能分析结果（按照欧标 459-1 检测）

参数 / 成分	单位	测试结果	欧标 459-1 指标
细度 0.09mm	%	0.2	≤ 15.0
细 0.2mm	%	0.0	≤ 5.0
容重	Kg/dm^2	0.71	
需水量	g	290	
扩散	mm	186	182~188
贯入量	mm	24	10~50
空气量	Vol %	3.2	≤ 20.0
抗压强度	MPa	3.3	2.0~7.0
初凝时间	min	250	≥ 60
稳定性	mm	0.3	≤ 2.0

表 4-3　中国某产地天然水硬石灰技术特征

性能	测试结果
氧化钙 CaO，%	62.9
氧化镁 MgO，%	1.32
三氧化硫 SO$_3$，%	0.16
自由钙，%	37.27
细度（0.08 方孔筛筛余），%	5.0
堆积密度，g/L	588
初凝时间，min	435
流动度，mm	147
28 天抗压强度，MPa	2.2

在矿物成分上，天然水硬石灰成分主要由硅酸二钙（2CaO•SiO$_2$，简写成 C$_2$S）、熟石灰 Ca（OH）$_2$、部分生石灰 CaO、部分没有烧透的石灰石 CaCO$_3$ 及少量黏土矿物、石英等组成。部分天然水硬石灰如 NHL5、NHL3.5 中还发现硅酸三钙（3CaO•SiO$_2$，简写成 C$_3$S）、部分铝钙石、铁钙石等。

天然水硬石灰颜色呈灰色—灰白色，白度比高纯度的消石灰低，Ca（OH）$_2$ 含量在 20%~55% 之间，但与天然水硬石灰的强度无直接关系。天然水硬石灰初凝时间介于 3~12 小时之间（水泥一般在 3 小时内）。

4.3 天然水硬石灰与水泥的区别

水泥为石灰石（CaCO$_3$）、黏土（SiO$_2$，Al$_2$O$_3$、铁矿石（Fe$_2$O$_3$）等在 1450℃煅烧，掺入石膏磨细而成的水硬性材料。类型很多，有硅酸盐系列水泥：硅酸盐水泥、普通硅酸盐水泥、矿渣硅酸盐水泥、粉煤灰硅酸盐水泥、火山灰质硅酸盐水泥，还有复合硅酸盐水泥／铝酸盐系列水泥，快硬水泥硫铝酸盐系列水泥，膨胀水泥等。

水泥中的主要组成硅酸二钙（C$_2$S）、硅酸三钙（C$_3$S）、铝酸三钙（C$_3$A）、铁铝酸四钙（C$_4$AF）（C=CaO，S=SiO$_2$，A=Al$_2$O$_3$，F=Fe$_2$O$_3$）等。这些矿物在水存在下水解，形成水泥石。天然水硬石灰在成分、固化强度及固化速度上与水泥存在区别（表 4-4，图 4-4，图 4-5）。

表 4-4　天然水硬石灰与硅酸盐水泥的区别

	硅酸盐水泥	天然水硬石灰
原料	黏土石灰石煅烧的熟料加矿渣、煤灰等研磨	含有泥质或硅质的石灰岩
烧制温度	煅烧温度高，达到 1450℃	煅烧温度低，最佳温度为 1000℃~1100℃
研磨过程	球磨，能耗高	先喷水消解后研磨或不需研磨，或先研磨后喷水消解，能耗低
石灰含量	几乎不含 Ca（OH）$_2$，少量游离 CaO	含 20%~50% 的 Ca（OH）$_2$（所以仍然叫做石灰）
水硬组分	硅酸三钙（C$_3$S）、铝酸三钙（C$_3$A）、铁铝酸四钙、二钙硅石（C$_2$S）、（低热水泥除外）	缓慢水化的二钙硅石（C$_2$S）为主
石膏	生产过程中必须添加石膏，而石膏在后期可能会对材料本体产生损害	不添加任何外来物质
强度	高	初始强度比较低，而最终强度接近低标号水泥

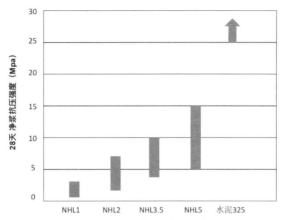

图 4-4 天然水硬石灰与水泥 325 的 28 天抗压强度

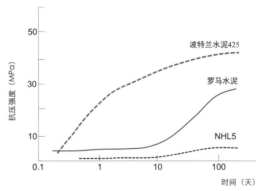

图 4-5 水泥、天然水硬石灰的强度与养护时间的关系

4.4 天然水硬石灰的固化机理

纯天然水硬石灰的固化是个复杂过程，归纳起来可分两个阶段：第一阶段为水硬性组分遇水后发生水化反应，形成水化硅酸钙而凝结，如硅酸二钙($2CaO \cdot SiO_2$)，反应过程如下：

$$2CaO \cdot SiO_2 + nH_2O = xCaO \cdot SiO_2 \cdot yH_2O + (2-x) Ca (OH)_2$$

第二阶段为消石灰 $Ca (OH)_2$ 的碳化而完全固化，这个反应过程也需要水，大约在 6 个月甚至数年时间反应才能完全结束。

当天然水硬性石灰中添加其他活性如火山灰等材料时，天然水硬石灰中的消石灰 $Ca (OH)_2$ 与活性混合材料发生水合反应，可以增加天然水硬石灰材料的早期强度。但同时也会导致天然水硬石灰配制的材料变脆，在新旧材料之间产生裂纹(表4-5)。

表 4-5   法国某公司天然水硬石灰性能与水泥石灰对比测试结果[1][2]

	弹性模量 （MPa）	透气性 （g/h·m²）	初凝时间 （h）	毛细作用 （g/min）	收缩 （mm/m）	拉拔强度 （N/mm²）	自由消石灰含量 （砂浆中含量）
NHL5	17.5	0.52	3	4.61	0.15	0.51	24（6.0）
NHL3.5	13.6	0.71	6	6.3	0.25	0.46	27（6.75）
NHL2	11.7	0.72	9.5	8.7	0.51	0.36	55（13.75）
50% NHL+50% 消石灰							
NHL5	13.2	0.63	9.5	12.94	0.84	0.28	74（28.5）
NHL3.5	10.8	0.68	10	13.75	0.89	0.22	77（29.2）
波特兰水泥 + 消石灰							
1：1：6	22.1	0.23	1.15	1.08	0.63	0.7	50（12.5）
1：2：9	19.6	0.25	1.15	6.86	0.42	0.5	66.6（16.6）

① 1：3 体积比砂浆，砂为 ISO679 标准砂
② 全部碳化以后的值

　　天然水硬性石灰的完全固化需要 0.5~1 年左右的时间，甚至更长。28 天的强度只占最终强度的 10% 左右，其最终强度一般可以达到 10~20MPa。天然水硬石灰的强度除与石灰类型有关外（图 4-6），也与添加的骨料有关。

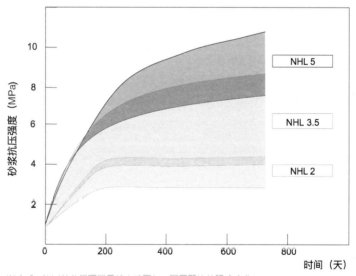

图 4-6　法国某公司不同天然水硬石灰，不同时间的强度变化

采用天然水硬石灰作为原材料的修复与装饰材料的强度可以通过合理配比、添加助剂（外加剂）、活性组分（如黏土砖粉、火山灰等）等调配，同时需要注意的是，固化过程的环境对最终强度也有影响。研究表明，养护时先干燥，使水硬石灰中的水分扩散出去，而后采取干湿交替的环境，这样有利于天然水硬石灰强度的正常增长。完全干燥的环境或完全潮湿的（相对湿度保持在 95% 以上）环境都不利于天然水硬石灰强度增加，建议当相对空气湿度低于 50% 时，喷水养护。环境温度对天然水硬石灰强度的增加影响不明显。

天然水硬性石灰硬化慢，源于硅酸二钙（$2CaO \cdot SiO_2$）具有特殊的优点 – 水化热低，避免了水泥快速固化导致的应力，使其具备良好的韧性。增加水泥或其他活性组分可以增加天然水硬性石灰早期强度，但是添加水泥会导致最终强度过高。

4.5 天然水硬石灰的应用问题

4.5.1 文物保护与历史建筑修缮

目前，我国的天然水硬石灰尚主要用于特别重要的文物保护与历史建筑修缮，替代水泥或气硬性石灰，用于砌筑（如城墙砌筑）、勾缝、粉刷、结构灌浆加固、修复、抹灰等。天然水硬石灰也可以配制出防水砂浆，应用到特殊文物建筑的防水中。在岩土文物保护领域，天然水硬石灰应用到夯土加固（见第 5 章）、灌浆等。在使用时，除了参照第 3 章表 3–6、表 3–7 外，宜参照功能需求进行配方优化（表4–6—表 4–9）。

表 4–6　不同天然水硬石灰的吸水性及分类（G. Allen 等，2003）

类别（mm，吸水 6 小时后上升高度）	砂浆组成（体积比）
非常高（126~150）	NHL2　1：3
	NHL3.5　1：4
	NHL3.5　1：6
	NHL3.5　1：3+10% 石灰膏
	NHL3.5　1：3+30% CL90
	CL90　砂浆
	CL90+30% 偏高岭土

续表

类别（mm，吸水 6 小时后上升高度）	砂浆组成（体积比）
高（101~125）	NHL2 1：2.5
	NHL3.5 1：3+10% 消石灰 CL90
	NHL3.5 1：3+5% 石灰膏
中等（76~100）	NHL3.5 1：2
	NHL3.5 1：3
	NHL3.5 1：3+ 砖粉
	NHL5 1：4
低（51~75）	NHL3.5 1：1
	NHL3.5 1：1.5
	NHL3.5 1：2
	NHL3.5 1：3+ 天然火山灰
	NHL3.5 1：3+50% 消石灰 CL90
	NHL3.5 1：3+ 矿渣、粉煤灰、偏高岭土、硅微粉
	NHL5 1：3
非常低（＜51）	NHL5 1：2

表 4-7　不同天然水硬石灰的耐冻融性能及分类（G. Allen 等，2003）

类别	砂浆（体积比）
非常高（＞50 个循环）	NHL 3.5 1：2 NHL 5 1：2 NHL 5 1：2
高（26~50 个循环）	NHL 3.5 1：2.5 NHL 3.5 1：1.5 NHL 5 1：4
中等（10~25 个循环）	NHL 3.5 1：1 NHL 3.5 1：3 NHL 3.5 1：4
低（＜10 个循环）	NHL 3.5 1：6 NHL 2 1：2 NHL 2 1：3

表 4-8 不同天然水硬石灰的耐硫酸盐腐蚀性能及分类（G. Allen 等，2003）

类别	砂浆（体积比）
非常高（＞50 个循环）	NHL 3.5 1：1 NHL 3.5 1：1.5 NHL 3.5 1：2 NHL 3.5 1：2.5 NHL 3.5 1：3 NHL 3.5 1：4 NHL 5 1：2 NHL 5 1：3 NHL 5 1：4
高（26~50 个循环）	NHL 2 1：2 NHL 2 1：3
中等（10~25 个循环）	NHL 3.5 1：6
低（＜10 个循环）	硅酸水泥 OPC+ 灰浆增塑剂砂浆

表 4-9 不同天然水硬石灰在硫酸盐环境下耐冻融性能及分类（G. Allen 等，2003）

类别	砂浆（体积比）
非常高（＞50 个循环）	NHL 5 1：2
高（26~50 个循环）	NHL 3.5 1：1.5 HNL 3.5 1：2 NHL 3.5 1：2.5 NHL 5 1：3 NHL 5 1：4
中等（10~25 个循环）	NHL 3.5 1：1 NHL 3.5 1：3 NHL 3.5 1：4
低（＜10 个循环）	NHL 3.5 1：6 NHL 2 1：2 NHL 2 1：3

除了要比较不同配比的耐久性，更要从牺牲性保护的角度，要求采用天然水硬石灰配制的材料耐久性要低于需要保护的历史材料。在工艺方面，需谨记天然水硬石灰仍然是石灰，应遵循石灰固化需要的一些基本规律，如在潮湿天气时保持通风干燥，使拌合到石灰中的水能够扩散出去。在湿度很低的情况下，要进行喷淋保湿，使水硬组分正常水化。

4.5.2 民用建筑应用领域

在欧洲，天然水硬石灰更大应用领域是民用建筑的装饰等，很多特殊的装饰效果只有采用人工调和的水硬石灰才能做到，代表性的应用领域有：

（1）隔潮去湿材料：增加憎水剂、引气剂、轻骨料的特殊砂浆，具有高孔隙率、高透气性等特点，是重要建筑的维修材料。

（2）保温隔热材料：添加天然植物的保温材料，导热系数可以达到 0.042W/mK

（3）装饰砂浆，如彩色 stucco，是天然水硬石灰应用最广的领域。既可现场配色，也可预制。

4.6 调合石灰的问题

在 2010 年的欧洲标准中特别强调天然水硬石灰与人工合成或者配制的水硬性石灰的区别，将天然水硬石灰与人工配制的（人工调合的水硬性石灰）水硬性石灰严格区分开来。但是从使用角度，调合石灰很可能拥有更好的应用前景，因为调合石灰克服了天然水硬石灰由于原材料不稳定性，而采取严格的配比及对性能实验的依赖，保证石灰的稳定表现，更有利于设计方与施工方的使用。

本章小结

天然水硬石灰是由原材料含 75% ~95% 的碳酸钙、5% ~25% 的泥质、硅质（包括石英 – 硅质，白云石、长石、铁化合物等）等破碎成颗粒大小 1~20cm 在 800℃ ~1200℃ 煅烧成生石灰。升温过程达到 600℃ 时，碳酸钙分解成氧化钙，当达到 800℃ ~900℃ 时，氧化钙与黏土的分解物发生反应，形成重要的水硬性组分二钙硅石 C_2S。当温度升到 1250℃ 时，形成天然水硬石灰中的硅酸三钙 C_3S，天然水硬石灰中的水硬性只源自原材料煅烧。由于 CaO 与黏土发生反应放热，天然水硬石灰烧制温度比钙质气硬性石灰高，但所需能耗却要低。天然水硬石灰煅烧后的组分与原石灰石成分、颗粒大小、颗粒分布等有关，也与炉的类型、升温速度等有关，煅烧完成后采用干法消解，经过或不用研磨可得直接使用的天然水硬石灰。

天然水硬石灰加水后一般在 2~3 天有明显的强度，7 天左右的强度可测，28 天的强度是划分天然水硬石灰标号的依据。但实际上，天然水硬石灰中的主要组分硅酸二钙（C_2S）需要 6 个月甚至更长时间才能完全水化，最终固化随环境不同需要数月至数年，28 天的强度只占最终强度的 10% 左右。由于天然水硬石灰具有合适的强度、缓慢的固化，可避免新旧材料之间产生应力，目前主要替代水泥、气硬性石灰应用到文物建筑保护中。

另外，天然水硬石灰作为一种生态材料，在欧洲也大量应用到室内外装饰粉刷、保温隔热、防潮去湿等工程中。

天然水硬石灰在应用中需要注意的问题是：其本质依然是石灰，不是水泥，主要成分中氢氧化钙含量占 20% ~50%，所以使用时需要遵循石灰最基本的原则。其次，天然水硬石灰完全固化后，强度较高，在配方优化时需注意这一点。

5　石灰为什么能永久固化土

　　土是人类使用最早的建筑材料,我国至今仍然保留了大量的生土建筑(图5-1),而且我国大量的壁画基层也为生土。土的最大问题是不耐水、不耐冻,一般建造时除采用结构保护外(俗语说"戴个大斗笠,穿个大雨鞋"),对土进行改性是常见的做法,传统工艺是采用石灰加固土,其科学性、经济性和生态意义将在下文进行阐述(图5-1,图5-2)。

图5-1　左图为创建于元之前的山西南部洪济院土坯墙及面层,右图为内部保存比较完好的壁画
(明成化六年,1470年)

图5-2　生土建筑不耐水的问题:出檐过小导致雨水、返溅水破坏夯土墙(浙江桐庐,建造时期推测为20世纪50年代)

5.1 土的特点及其改性

土的类型很多，但不管何种土，均由三相组成：即固相（矿物质、有机质等）、液相（水）和气相（空气）。

固相即土的固体颗粒如砂黏土、有机质等，土的固体颗粒之间的相互联结或架叠构成土的骨架；液相即土固相之间空隙的水，当土骨架的孔隙全部被水占满时，这种土称为饱和土；当一部分空隙被水占据，另一部分被气体占据时，称为非饱和土；当骨架的孔隙仅含有空气时，就称为干土。这三种组成部分本身的性质以及它们之间的比例关系和相互作用决定土的物理力学性质。描述土的重要物理性质的是塑限、液限及塑性指数。

塑限指土由可塑状态过渡到半固体状态时的界限含水率（w_P）。液限指土从流动状态转变为可塑状态（或由可塑状态到流动状态）的界限含水率（w_L）。塑性指数（I_P）指液限（w_L）与塑限（w_P）的差值。土的分类依据就是液性指数（I_L），即土中实际含水量（w）与塑限值（w_P）的差值比塑限指数（$I_P = w_L - w_P$）（图5-3）。

$$I_L = (w - w_P) / (w_L - w_P)$$

$I_L < 0$ 土表现为脆性

$0 < I_L < 1$ 土表现为塑性

$I_L > 1$ 土表现为黏性

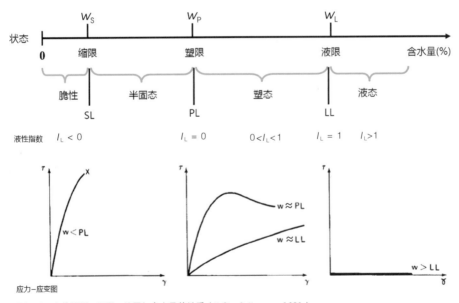

图5-3 土的缩限、塑限、液限与含水量的关系（Holtz & Kovacs, 1981）

为了使土的强度增加，满足工程需要，一般采用素土夯实或加石灰夯实。

素土夯实简单的理解就是通过机械力降低土中气相的比例，使得气体含量越低越好。要达到最佳的夯实密度，土中水的含量需要适中，水太少则土太干，颗粒之间阻力大，夯不实。如果水含量过高，土颗粒之间有很多水，当这些水蒸发后，气相的比例增加，这样夯的土强度也会低。古代采用生土建造时，如果采的土很湿，需要晾晒，以降低含水率，达到最佳夯实密度。如第三章介绍的，生石灰加水消解过程会放热，热可以促使水分蒸发，因而添加生石灰至潮湿的土中可以降低土含水率，使灰土更密实。夯"出汗"是生土建造的一种评价方法，就是在最佳含水量的土中，气相已经降到最低。现代工程中通常采用击实实验，确定达到最大夯实密度的最低含水量。

素土，即不进行加固的土，无论是多结实的土，遇水后均会崩解。原因是土中或多或少含有黏土矿物，它们有较强的吸附水能力，含水率增加易引起体积膨胀直至变成塑性或液态（图5-4）。

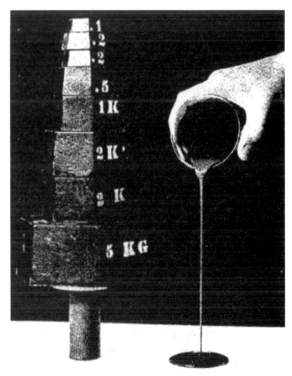

图5-4 纯黏土在固态时可以承重很大，但遇水后完全丧失强度
（Holtz & Kovacs，1901）

不同土体的颗粒呈不同的特点（表 5-1），如果要使土耐水耐冻，除夯实外，还可对土进行固化或改性，石灰是被证实为最理想的土体固化材料。

表 5-1 土固态颗粒的成分、特点及对工程性质的影响

固相构成		颗粒大小	特点及对土工程、力学性质的可能影响
矿物质	原生矿物，如石英、长石等	粗大、呈块状或粒状	性能稳定，吸附水的能力弱，无塑性
	次生矿物（高岭土、伊利石、蒙脱石等）	细小，呈片状或针状	①高度的分散性，呈胶体性状，性质不稳定；②有较强的吸附水能力，含水率的变化易引起体积胀缩；③对于黏土矿物，它的结晶结构的差异很大，会带来土工程性质的显著差异；④具塑性
有机质		细粒和胶态	亲水性强，含大量的有机质土壤不适宜作为建筑材料

5.2 石灰固化土的原理

5.2.1 灰土之间的物理化学反应

石灰固化土是一个复杂的物理化学过程，包括物理作用、化学作用（胶凝反应、碳化反应）等。

1）物理作用

生石灰遇到湿土，会消解变成 $Ca(OH)_2$，打碎黏土的团粒结构，同时放出的热量，蒸发土中的水，降低土的含水率，这样的土如果含水率不高，无需晾晒即可夯实。

2）化学 – 胶凝反应

石灰能够加固土的一个最重要的原理是：在石灰的强碱性环境下，土中黏土矿物被部分分解出三氧化铝胶体和二氧化硅胶体，碱性程度越高，溶解度越高（图 5-5）。

溶解出来的二氧化硅等与石灰中的氢氧化钙反应形成钙硅酸盐或钙铝酸盐水合物，进行结构和矿物重组：

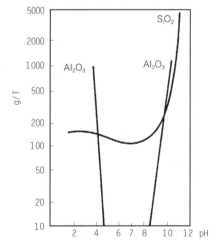

图 5-5 二氧化硅、三氧化二铝在水中的溶解性能（Correns, 1968，引自 O.Kuhl, 1999）

$$2SiO_2 \cdot nH_2O + 3Ca(OH)_2 + mH_2O \rightarrow 3CaO \cdot 2SiO_2 \cdot 3H_2O + nH_2O$$

$$2Al_2O_3 \cdot nH_2O + 3Ca(OH)_2 + mH_2O \rightarrow 3CaO \cdot 2Al_2O_3 \cdot 6H_2O + nH_2O$$

在持续的石灰供给（保持碱性）、潮湿及缺二氧化碳的环境下，同时保证足够的时间，上述反应使土的强度提高，达到耐水、耐冻的效果，并且石灰可持续渗透到土中。这也是为什么坚硬的灰土、三合土都是发现在墓葬、建筑的基础等部位。

石灰添加量与黏土含量有关，黏土含量在 15%~30% 之间的土最适合采用气硬石灰改性。当黏土含量低时，则需要添加一定量的水硬性组分。法国的大量研究表明（H.Houben & H. Guilaud，1994），添加天然水硬石灰比添加人工合成的水硬石灰效果要好，目前法国保留的大量生土建筑是采用天然水硬石灰建造的（图5-6）。采用天然水硬石灰效果更好原因在于，天然水硬石灰中的水硬组分二钙硅石水化速度缓慢，应力低，而且持续缓慢的水化过程额外会产生 $Ca(OH)_2$，保持灰土长时间处于碱性状态，增加土的强度。

$$2CaO \cdot SiO_2 + nH_2O = xCaO \cdot SiO_2 \cdot yH_2O + (2-x)Ca(OH)_2$$

图 5-6　法国南部 19 世纪初采用天然水硬石灰砂浆砌的风土建筑（一层）

3）化学—碳化反应

添加到土中的石灰接触空气后会发生碳化反应，可以固化土。但这种固化的效果有限，而且石灰碳化后，碱性降低（从 pH 值 13 降低到 8~9），胶凝反应就不能继续发生。因此，石灰夯土要尽可能与空气隔绝，并保持较高的湿度（图 5-7）。

5.2.2 石灰固化土的机械性能变化

石灰添加到土中后会发生一系列复杂的反应，至今科学家们还无法完全阐述清楚这一过程，但有些变化是肯定的。

变化 1：灰土的密度会降低，除少数特殊土外，石灰添加到土中后，击实密度会降低（图 5-8）。

变化 2：添加石灰的土，强度会明显增加，且塑性指数越大（黏土含相对较高）的黏土，强度增加越多。同时，添加石灰的土的强度在较长时间能逐步增加，最终能长久保持（图 5-9，图 5-10）。

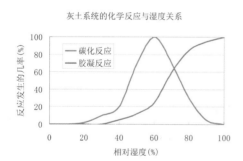

图 5-7 灰土反应需要的湿度条件

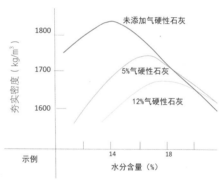

图 5-8 添加石灰的土的击实实验（低塑性黏土，资料引自 H.-W. Schade, 2005）

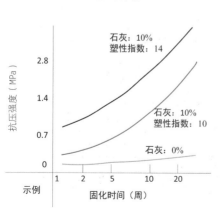

图 5-9 相同石灰添加量与不同类型的土的强度变化

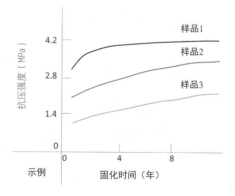

图 5-10 不同类型的灰土在 10 年发生的强度变化

变化 3：添加适量的石灰到土中，其中最直观的变化是土变得耐水，这种耐水性在石灰添加到土中夯实后的 24 小时就能观察到，可以利用这一点进行配比的筛选优化。

5.3 水泥可以加固土吗

水泥可以加固土吗？答案是在一定前提下的肯定。水泥固化土是通过自身的水化胶凝反应粘结沙砾等而使土的强度增加，所以只适合黏土矿物含量少、砂含量高的低塑性土（图 5-11，图 5-12），而且添加量以少为妙。由于水泥不改变黏土矿物的结构，含泥土矿物高的土在水泥固化后，耐水性有限，固化效果可以在短时间内失效。黏性土添加水泥没有明显的固化效果，只是一种资源浪费。

水泥添加到土中后必须在最短的时间内夯筑完，超过 2 个小时，强度会降低 50% 以上（图 5-13）。这和石灰完全不一样的，石灰添加到土中后，石灰与土中的黏土矿物发生结构重组，闷土的时间越长，强度越高。研究表明，一般在 24 小时内夯筑的石灰土，强度均不受影响。

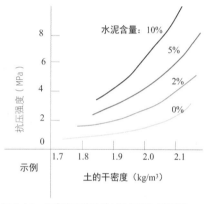

图 5-11　干密度高的砂质土适合采用水泥固化

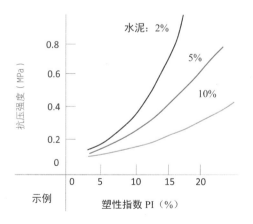

图 5-12　黏土的塑性指数与强度的关系（黏性土随水泥的添加量的增加强度增加而降低）

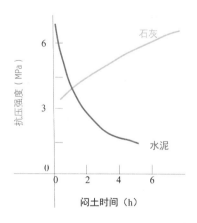

图 5-13　闷土时间不同程度影响石灰土、水泥土的强度

5.4 灰土配比优化

5.4.1 选土、选灰

在灰土配制之前，宜事先确定土的类型，特别是黏土矿物含量（图 5-14）、有机质含量等，理想的土是不含有机质且黏土矿物含量在 15%~30% 的土。

用于土固化的石灰有生石灰、消石灰、天然水硬石灰等，其次是狭义水硬石灰。条件允许时，应优先选择生石灰粉，利用生石灰与土混合发热加速土的固化，同时可以去除多余水分。研究表明，添加生石灰的灰土遇水后 30~60 分钟内，温度增加值与生石灰的添加量呈正相关，所以也可以利用这一点估算石灰量。若生石灰中还含有一定的天然水硬性组分，更有利于固化。当遇到含黏土比较少的粉砂土时，宜添加天然水硬石灰。消石灰粉，或传统的泼灰，是固化土最常用的石灰，而石灰膏由于与土不易混合均匀，不适合固化土。

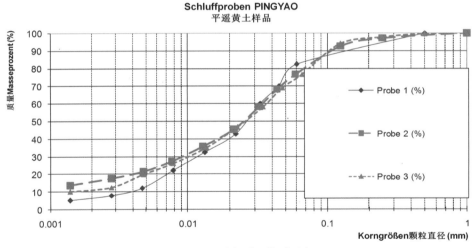

图 5-14　平遥地区黄土的颗粒分布

5.4.2 配比筛选

传统的所谓三七灰土由于石灰含量高，夯实密度低，早期的强度常常比较低，而且石灰的价格是土的 10 倍以上，确定加固土需要的石灰类型及最佳量，除了考虑具科学效果外，经济因素也应放入考量中。

当黏土（小于 0.063mm）含量低的时候，即是砂质土壤，需要添加水硬性石灰。如果黏土含量高，则只需要气硬性石灰，气硬性石灰的添加量随黏土含量的增加而

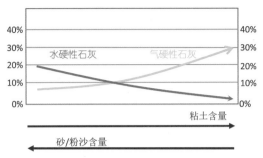

图 5-15　不同类型石灰（水硬性石灰和气硬性石灰）加固土时添加量与黏土含量关系

图 5-16　石灰对土的改性配方优化实验（山西省平遥古城墙保护工程）

增加（图 5-15）。当黏土含量大于 30% 时，则需要向土中添加砂，使黏土含量降低。确定最低添加量的方法是将灰土夯筑后放置在露天，人工或天然淋雨，耐水的灰土才是合适的配比（图 5-16）。

5.4.3　夯筑过程中需注意的问题

（1）温度与湿度

灰土的固化需要高湿度、低二氧化碳，密封潮湿环境，这些有利于土体的强度增长，在低湿度极干燥地区，如平遥，宜在夯实后喷水保湿养护。

尽管不同研究者的成果不完全相同，但有一个共识是：在绝对潮湿的环境下，温度越高，灰土固化的速度越快，强度越高（图5-17），因而宜选择高温季节进行施工。

（2）季节

灰土固化达到抗冻至少需要一个月时间。所以如果灰土作为面层，需要在寒冬来临之前一个月完工，或者采用薄膜覆盖保温保湿。

（3）夯实密度

夯实密度越高，强度越高，要遵循达到最佳夯实密度的基本原理，如合适的厚度、最佳的加水率、随时对密度进行检验等。

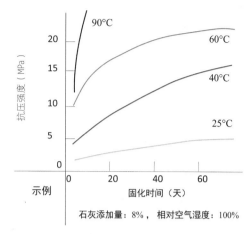

石灰添加量：8%，相对空气湿度：100%

图5-17　在封闭环境中温度对夯土强度的影响

（4）其他组分对灰土的影响

木材、竹材等：增加灰土的抗剪，降低开裂，提升结构稳定性。

桐油：降低吸水率，提高耐水、耐冻性能，降低CO_2的渗透性，有利于灰土固化，其他类型油脂有相同效果。灰土表面刷桐油等隔绝空气进入灰土，有利于石灰土的固化。

蛋清：据当地居民介绍，井冈山地区的客家生土建造的地面，特别是天井等部位，夯打时添加鸭蛋清到地面然后反复捶打。鸭蛋清的蛋白质可能会增加石灰的强度，同时起到密封作用，使二氧化碳不容易进入灰土，而使灰土保持长久碱性。

卵石：如同混凝土中石子的作用一样，在灰土中添加卵石可以降低灰土的吸水率和收缩性。

有机质：有机质可以使石灰加固土的功能失效，因而尽可能采用不含有机质的土。

5.5　无水灰土灌浆料

在生土为基层、地仗层等壁画保护中，过去采用水为载体的灌浆料加固壁画时，发生灌浆料软化壁画，导致变形、污染等问题，发生过保护性破坏。产生的原因是基层为生土的壁画当接触到水时，其中的黏土矿物会吸水膨胀而塑性化。

为了解决这一问题，克服建筑遗产面层保护采用水导致的二次破坏的核心技术难题，在分析水为载体的注浆材料的缺点后，近年来尝试利用无水技术，将颗粒直径为1~3微米气硬性石灰（Ca（OH）₂，氢氧化钙）分散在醇类中作粘合剂，添加筛分的土及大理石粉等无机填料，配制出具有良好流动性及附着力的无机注浆加固材料。同济大学在读德籍博士生 Gesa Schwantes 的博士论文即对不同配比的无水灰土注浆的流动性、收缩性等进行优化实验，并完成了小规模的可施工性、附着力等研究工作，同时完成了在井冈山地区夯土墙面粉刷注浆加固的现场实验（G. Schwantes & Sh. Dai, 2016）（图5-18，图5-19）。

图 5-18　上海模拟实验墙的低压注射实验

图 5-19　江西井冈山石灰基石灰抹灰层注浆6个月后面层颜色变化实验

井冈山地区夯土墙面粉刷注浆加固实验采用的原材料为生土（源自上海和井冈山）、微米石灰（德赛堡生产，浓度分别为 10% 及 50%，载体为异丙醇）、天然水硬石灰(德国 Hessler)。石灰岩粉采用块状石灰岩粉碎后过筛，颗粒小于 0.125mm（表 5-2）。

表 5-2　实验采用的土的矿物成分

矿物	A1	A2	C	C
土产地	井冈山		上海	
石英	75-80	70-75	55-60	55-60
长石	–	–	5-10	10
伊利石	10-15	15-20	10-15	10-15
高岭石	5	–	–	–
蒙脱石	<5	–	–	–
高岭石 – 蒙脱石混合体	–	5	–	–
绿泥石 – 蛇纹石混合体	–	–	<10	10

初始配方考虑到了微米石灰、土、石英砂、石灰岩粉、天然水硬石灰等等，经过第一轮筛选后，确定了最终性能研究的配方（表 5-3）。

表 5-3　用于进一步性能测试的筛选配方

	重量比（%）				
土	50	50	50	55	50
石灰岩粉	50	20	30	35	30
微米石灰	–	30	20	10	15
天然水硬石灰（NHL2）	–	–	–	–	5

经过初步研究，得出如下重要结论：

（1）添加 20%~30% 微米石灰（Ca（OH）$_2$）的灰土混合物具有非常好的粘结强度，添加 30% 的微米石灰的灌浆料对于比较弱的土层壁画强度已经过高了（图 5-20）；

（2）所有的微米石灰灌浆料均有很好的黏结性，可以将基层及脱落的壁画层重新黏结起来（图 5-21）；

图 5-20　微米石灰灰土浆黏结效果 – 黏结强度大于原土强度

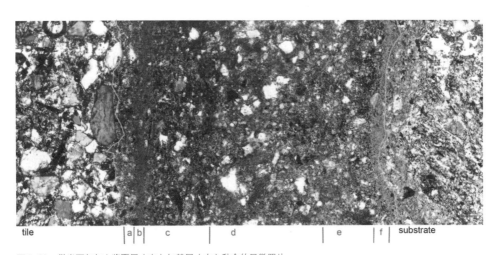

图 5-21　微米石灰灰土浆面层（左）与基层（右）黏合的显微照片

（3）工法上，采用低浓度 10% 微米石灰进行预湿可能有助于灌浆料的流动性；

（4）来自上海、井冈山不同类型的土在可施工性方面存在差异，但是在黏结性能方面的差别比较小。

本章小结

中国有句古语："一物降一物。"降服土的最好材料就是石灰，包括气硬性的生石灰、消石灰、天然水硬性石灰等。

石灰通过其强碱性打破土中黏土矿物结构，与土中溶解出的氧化硅、氧化铝等发生胶凝反应形成稳定的硅酸钙、铝酸钙等类似水泥水化产物而达到固化土的效果，是一种结构重组。这一反应的发生需要石灰、水和时间，不需要空气（空气中的二氧化碳）参与，合适的配比、夯实、保湿、密封（与空气隔绝）是使灰土达到理想强度（可以达到 C20 混凝土强度）的前提。固化需要的时间在数周或数年，直到 $Ca(OH)_2$ 被消耗掉为止，或被 CO_2 完全碳化。新生成的胶凝材料为无机硅酸盐，耐久性好。

适合采用石灰固化的土的黏土矿物含量在 15–30%，如果土中黏土含量过高，需要加砂（三合土），如果土中黏土含量低，可以添加适量的天然水硬石灰。天然水硬石灰优于水硬石灰，更优于水泥。如平遥土的黏土含量在 10%~15% 左右，考虑到经济性，确定了平遥石灰改性土的配方：3%~4% 生石灰粉，3%~4% 的天然水硬性石灰 NHL5 或 NHL2，加水率为每 100kg 灰土加 14~15kg 水。上述配方的夯土在夯实达最佳密度并保湿养护 2 周以上之后，不仅耐水、耐冻，而且颜色与素土基本接近，保留了平遥内城墙土的表面质感。而南京大报恩寺的原生土为黏土含量高的黏性土，如果作为基础、展示路面等，需要添加砂以降低黏土的含量，固化只需要气硬性石灰（生石灰或熟石灰粉）就能达到预期效果。

灰土中添加桐油等可以大大降低吸水率，起到隔潮效果。水泥只合适加固黏土含量极低的土，添加量不能超过 2%~5%，添加水泥的土必须在 1 小时内施工完。考虑到水泥其他的副作用，不建议在重要文物建筑中使用。

另外，醇类微米–纳米石灰具低黏度、表面张力小等特点，通过与黏土的配合比优化，微米石灰–黏土组合物可以应用到生土壁画保护或其他细小裂隙的加固中。

本章主要成果源自

中国文化遗产研究院李宏松先生主持的"山西省平遥古城墙内侧夯土保护材料试验及工艺研究"（2007 年）、南京大明文化实业有限责任公司与同济大学历史建筑保护实验中心完成的《南京大报恩寺遗址本体保护实验研究报告》（2014），及 Gesa Schwantes（格桑）的博士研究生论文部分成果。

6 如何定性——定量恢复古代灰浆配方

石灰的使用已经有数千年的历史，而古代文献却少有准确记载石灰的配比，即使有记载，匠人在现场操作时也存在自由发挥或者有自己的所谓秘方，所以要100%恢复古代配方是不可能的。当代的物理化学分析技术（矿物学、结晶光学、化学等）能够做到大致确定古代灰浆原始配比，为真实性保护或复配提供依据。分析确定古代石灰材料的矿物与成分，恢复其配方范围，既是对自然的好奇追求，也是对古人智慧的敬畏。

6.1 定性方法

6.1.1 调研与定性分析

调研与定性方法包括访谈法、直观观察法、吸水测试法、稀盐酸测试法等。

（1）访谈调研法：采访当地知情人士，了解传统工艺。访谈需要了解记录的内容至少包括石灰的来源、消解方式、添加的材料、比例、混合方式等（图6-1）。

图6-1 现场调研（2013年山西省油饰保护工程现场调研）

图 6-2 直观观察法——民国时期大雁塔修缮用灰浆（对比图 6-10 可见混合不均，黏土添加量高）

（2）直观观察法：采用肉眼或借助放大镜对石灰材料进行观察，确定是否有石灰、纤维、砂土、混合均匀程度等（图 6-2）。

（3）稀盐酸法：稀盐酸是采用 1:3 或者 1:20 稀盐酸滴到样品表面，观察是否产生气泡，从而判断是否含有石灰及估测含量，通常起泡剧烈的石灰含量较高。

（4）吸水测试法：没有添加油料的石灰或经过特殊处置的石灰，一般吸水较快，洒水到石灰表面，如果吸水速度很慢，表示有桐油或其他憎水材料。

6.1.2 取样

在现场调研及分析基础上选择有代表性的部位进行取样，砌筑灰浆样品采用敲击法取块状样品，粉刷层需要垂直表面取芯。芯的直径在 20~100mm 范围内，均匀的材料采用小直径的钻，不均匀地采用大直径的钻。取样完成，要进行样品编号、照相记录，便于下一步分析（图 6-3，图 6-4）。

图 6-3　取芯，要求透入面层直达砌体或夯筑体（澳门大炮台）

图 6-4　不同类型的灰浆样品，需要先行细致观察完成无损分析后再进行破坏性分析

6.2 半定量—定量方法

半定量—定量方法是分析已固化灰浆材料的矿物学、化学成分，进而推断古代配方的方法。半定量—定量方法中，常用的有岩相学方法及湿化学法。

6.2.1 无机组分的半定量分析——矿物学方法

古代灰浆的矿物学研究方法有岩相学方法、XRD 法等。其中岩相学方法包括体视显微镜法、透视显微镜法二种。

（1）体视显微镜法

可以直接观察石灰中的主要组分，如砂、土、麻或麦秆等，通过统计分析确定各主要组分比例（体积比），进而恢复配方，或为 XRD 方法、化学方法的选择提供依据。体视显微镜也是观察原始石灰涂层色彩、厚度、石灰砂浆颗粒分布的可靠手段（图 6-5，图 6-6）。

图 6-5　体视显微镜法判断石灰添加的棉花及砂浆层色彩

图 6-6　体视显微镜法观察灰砂比例，测量砂粒大小

（2）透视显微镜法

透视显微镜法是采用树脂预固化古代石灰灰浆，然后打磨到透明片状，在偏光显微镜下进行矿物成分及构造分析的方法（图 6-7）。

岩相学方法的优点是可以定性分析骨料为石灰岩的石灰材料，也可以分析

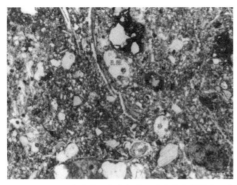

图6-7　云冈石窟清代泥塑岩相学图片（左为单偏光，右为正交偏光）

石灰和其他组份之间是否存在化学反应等。但岩相学方法制样过程复杂，观察分析需要专业知识及经验。

（3）XRD法

XRD是X光粉晶衍射分析法，用于分析古代石灰材料的矿物相组成，矿物相本身可以达到定量分析结果，这只能为恢复古代配比提供辅助性的参考依据。

6.2.2　无机组分的定量分析——化学方法

化学方法有很多种，如氧化物组分分析法、湿化学分析法。

氧化物组分分析法适用于分析纯石灰膏的化学组分，判断石灰的类型，特别是MgO、CaO、SiO_2、Al_2O_3、Fe_2O_3等可以判断出是钙质石灰、镁质石灰或水硬性石灰等。

但是含有骨料、砂砾等灰浆由于单纯从化学角度存在无法解释的困难，已经被摒弃不用。如今采用比较多的方法是魏斯尔＋科农福砂浆分析法（Wisser & Knoefel，1987）。魏斯尔＋科农福砂浆分析法原理是，通过对石灰类砂浆的酸化和碱化处理依次将其中的碳酸钙、水硬性组分（碱化过程可溶解的SiO_2、Al_2O_3、Fe_2O_3等）及骨料进行分离，最后根据质量变化对砂浆中现有及原始各组份含量进行定量—半定量分析。酸化后的溶液可分析氧化镁的含量，以判断是否为镁质石灰。骨料可进行筛分分析，判断粒径分布、色彩、矿物组成、纤维类型及含量等（图6-8）。

检测过程如下：

（1）取样；

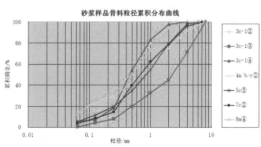

图 6-8 对骨料的筛分及骨料颗粒分布分析（澳门大炮台批荡层）

（2）选样：选取具有代表性的样品；

（3）烘干：放入 105℃ 烘箱中烘干；

（4）称重：称取一定量的烘干待测样品；

（5）酸化：用 1:3 的盐酸溶解；

（6）抽滤：用真空泵将已溶解好的样品抽滤，用 1:20 稀盐酸清洗，真空抽滤；

（7）烘干：将抽滤好的样品，放到 85℃ 烘箱中烘干；

（8）碱化：将烘干后的样品，在烘箱中冷却至室温，然后加入一定量的饱和 Na_2CO_3 溶液，煮沸约 1—3min，抽滤，抽完后，先用 1:20 的稀盐酸洗三遍，然后再用清水洗三遍；

（9）烘干：将抽滤好的样品放到 85℃ 烘箱中烘干；

（10）筛分：将烘干的样品冷却至室温，然后用不同规格的筛子，筛分骨料的粒径，然后称重。

对骨料可以进一步研究：包括颜色、矿物成分、纤维矿物、颜料等（图 6-9）。

根据我国大量的分析数据，可以将古代石灰灰浆按照原始水硬性组分含量进行大致分类（表 6-1）。但影响测定水硬性组分

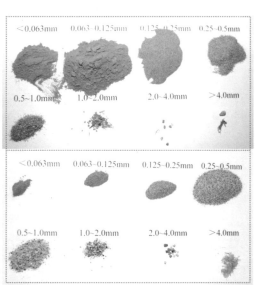

图 6-9 筛分的骨料（上含泥比较多，下包含麻及砖粉）

的因系很多，特别是骨料中黏土的含量可导致很大误差。

表 6-1　根据原始水硬性组分含量对古代灰浆的类型划分

原始水硬性组分含量 S_0，重量百分比，%	分类	说明
≤ 3~5	气硬性石灰	我国大多数石灰砂浆
5~8	低—中等水硬性石灰	含有砖碎屑等活性组分的石灰或天然水硬石灰
> 8	强水硬性	石灰－水泥混合砂浆或强水硬性石灰砂浆

　　例如：分析得出上海协进大厦建筑砌筑与勾缝石灰砂浆中含水硬性组分（图6-10，表6-2），原始含量大概为7%~8%，属中等强度的水硬性石灰，推断其水硬性组分源自添加至石灰中的碎砖粉。水硬性组分含量越高，吸水率越低。

图 6-10　上海协进大厦砌筑与勾缝砂浆

表 6-2　上海协进大厦建筑砌筑与勾缝石灰砂浆的成分

序号	现有无机黏结剂含量 %	原始黏结剂含量 %	现有的灰砂比 B_1	原始的灰砂比 B_0 (重量比)	现有水硬性组分含量 /%	S_0/ 原始水硬性组分含量 %	吸水率 Wt%
勾缝砂浆	49.58	42.12	1 : 1	1 : 1.4	3.8	7.6	7.38
砌筑砂浆	34.27	27.84	1 : 2	1 : 2.6	2.6	7.4	12.34

上述方法适合骨料中没有石灰岩、贝壳等酸可溶解物，且操作与结果分析需要丰富的化学、矿物学知识及分析测试经验。若需要分析的石灰含有石灰岩、贝壳等酸可溶解物，那么该类石灰的原始配比分析只有借助光学显微镜，进行岩相学研究才能完成。对原始配比可靠性推断产生影响的因素另有：石灰的类型、灰浆中泥的含量（见表 7-1 ）、骨料成分等。

6.2.3　有机组分的定量分析

历史上添加到石灰里面的有机组分类型繁多，如桐油、糯米、血、胶（营造法式中明确用胶）等。由于这些有机物的耐久性有限，提取分离困难，只有非常专业的实验室，才能进行定性或半定量分析。分析时，必须注意样品是否存在污染。

6.3　复配实验

复配实验的目的，一方面是验证古代配方及工艺，检验分析其科学性、合理性；另一方面是为保护修复服务。复配实验是按照岩相学、矿物学、化学等分析结果，计算出初始石灰与其他材料的比例（由重量比换算出体积比，便于施工），再结合经验，选择合适的原材料，按照原始配比进行材料性能及可施工性试验，并最终确定配方的过程。

例如，澳门大炮台的古代配比中需要分析水硬性组分。根据调研，推断用于大炮台的石灰可能属于牡蛎壳烧制的具有水硬性的石灰。但现今牡蛎壳烧制的石灰很难在市场上获得，故此采用天然水硬石灰 NHL2 替代进行复配（表 6-3 ）。经过实验，确定了强度适宜、收缩低的配比用于工程修复（图 6-11，表 6-4 ）。

由于石灰的固化速度慢，即使是天然水硬石灰，6 个月强度也只能达到最终强度的 60%~70%，故复配石灰材料的最终性能检测需要至少一年的时间。

表 6-3　澳门大炮台批荡层石灰砂浆模拟研究配方

序号	所恢复样品编号	所检测原始黏结剂含量（%）	采用粘黏剂类型及用量 /%		采用骨料粒径分布及用量 /%				
			消石灰	天然水硬石灰	0.15~0.3mm	0.25~0.6mm	0.5~1mm	1~4mm	>4
1	3c-1②	72.5	70	5.0	10.0	6.3	3.7	5.0	0.0
2	3c-1③	69.0	65	5.0	4.5	3.0	3.0	10.8	8.7
3	3c-1④	85.0	80	5.0	6.0	4.5	2.0	2.5	0.0
4	7c②	57.3	55	5.0	12.0	8.0	5.2	14.0	0.8
5	8a④	91.4	85	5.0	4.2	2.1	1.0	2.7	0.0
6	5c③	29.25	25	5.0	14	10	14	32	0.0

图 6-11　澳门大炮台券服胸代的批荡配方的复配头验研究（6个不同的组合）

表 6-4 复配实验后修正的适合作为面层批荡层的参考配方（重量百分比 %）

	黏合剂		河砂（mm）						类似原始配比
	消石灰 CL	天然水硬石灰 NHL2	≤ 0.15	0.15~0.3	0.25~0.6	0.5~1	1~4	>4	
配方 1	55	5	0	12	8	5.0	14	1	7c ②
配方 2	25	5	0	14	20	14	22	0	5c ③

本章小结

　　传统石灰的成分及其配比研究不仅具有科学意义，更有适用价值。一方面为真实性保护修缮提供科学依据，另一方面也可以从古代的科学配方汲取智慧。通过现场调研、访谈、现场定性分析、取样后，再于实验室进行岩相学、化学、粒径筛分与矿物学等分析，可以定性—定量确定原始配比，但有机材料的含量及原始配比的恢复目前仍存在一定的技术困难。对已经完成的明代—近现代灰浆研究发现，我国古代大多数使用的是钙质气硬性石灰，也在部分地区使用镁质石灰和天然水硬石灰。这方面尚需深入研究。

　　配方复制首先需参照岩相学、化学分析结果，再按照可以采购到的原材料进行遴选，最后还需根据实际效果确定最终配比。传统石灰配比研究及复制虽然可以为科学修复提供基础，但这需要严谨的实验、充足的时间以及足够的资金三者共同保障。

下篇　应用与实践

7 传统屋顶苦背：灰好还是泥好

　　屋顶是古建筑修缮中最重要的工程之一，在经典著作《中国古建筑修缮技术》一书中，屋顶部分占 16% 的篇幅。屋顶不仅代表了建筑形式、等级、艺术，更从功能上保护整个木架构及壁画彩绘等（图 7-1）。在 2016 年竣工完成的山西南部早期建筑保护工程中，所有的保护工程均含有屋面整修项目（图 7-2）。

图 7-1　创建于唐代的山西天台庵屋面（摄于 2012 年修缮前）

图 7-2　山西南部修缮工程（拍摄于 2013 年）

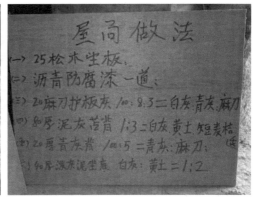

图 7-3　山西南部修缮工程某工地用于苫背的灰泥加工场地（左）及工法说明（右）

在屋顶修缮的调顶工程中会使用不同类型的灰，特别是苫背的材料有灰背和泥背之分。在《中国古建筑修缮技术》一书中陈述如下："如不是宫殿建筑，可以用泥背代替灰背。灰背用料是将灰与泥（1:3）再加适量滑竿（麦秆）用水闷透调匀。"（图 7-3）。

修缮工程评估发现，已经完成的部分工程在比较短的时间内就已经出现瓦件松动、渗漏、植物复生等问题。一部分人认为是泥背中的草籽导致屋顶再次渗漏，也有人认为是工程质量存在问题。那么，灰背和泥背比较，除了等级差别外，在耐久性方面有哪些区别？工程质量的确存在问题吗？实验研究及仿真模拟可以为我们提供答案。

7.1　历史屋面防水构造

山西等地的北方屋面构造具有自己独特的特点，以霍州元代戏台为例，屋面上部第一层为望板层，厚约 2.5cm，且为整块木板；第二层为下层灰泥背（苫背），厚约 2.5cm，材料为土加少量麦秸，可能含有少量石灰；第三层为上层灰泥背（苫背），厚约 3cm，材料为土加石灰，筒瓦下为单独的灰泥层，厚约 5cm，材料为土加石灰。（图 7-4）

从功能上看，上述传统的屋面，在防水方面具有"堵"、"储"、"疏"三个方面的功能。

堵：指主要通过瓦、灰浆坡度将雨水及时排泄掉，所以瓦及灰浆的质量，特别是抗渗性能决定了堵的效果。瓦的质量参数主要为瓦的透水率，透水率越低，质量

图 7-4　筒瓦（青掍瓦）及其下的瓦石灰（山西长子县布村玉皇庙，据说为清代修缮用灰）

越好，如在山西古代大量使用的青掍瓦与陶瓦比，其有极低的透水率，可能是山西能够保留众多古代建筑的原因之一。

储：指一旦瓦面发生渗漏后，渗水要能够储存在瓦件、灰背等内部，而不进入木望板、梁架等。所以要求灰背具有高孔隙率，高吸水性和足够的厚度。同时在受潮时具备黏结瓦的能力。

疏：指储存在屋面的水汽在干燥的季节能够快速扩散蒸发掉，从这一点看，没有上釉的黏土瓦（陶瓦）比琉璃瓦更有利于湿气的扩散。

科学的屋面构造保证屋架木材不受潮，或偶尔受潮后湿气也能够快速排出。在这方面，作为屋面瓦与屋架木材过渡层的苫背具有重要的作用。

7.2　古代苫背材料分析

通过调查发现，山西南部早期建筑的屋面苫背有灰泥，也有纯灰。通过现场调研发现，采用灰含量高的屋面垮塌的较少（图 7-5），而采用泥苫背的屋面出现严重的屋架腐烂等病害（图 7-6）。

图 7-5　山西陵川某古建筑采用石灰苫背，屋架完整

图 7-6　采用泥背的屋架

　　对取自山西南部的屋面古代苫背进行室内实验室分析发现（分析方法见第 6章），山西传统屋面的苫背采用的材料中石灰含量为 10%~90%，变化很大。如山

西省陵川县二仙庙屋面所用灰背几乎为纯的石灰膏，而高平市定林寺屋面所用灰背中黏土含量较高，石灰含量只有约 10%（表 7-1）。化学方法测到的高水硬性组分是由于泥造成的误差。

表 7-1　山西南部项目灰背样品砂浆分析结果

编号		M0（g）	M1（g）	M2（g）	G（wt%）	U（wt%）	B_1	B_0	S_1（wt%）	S_0（wt%）	分析结果
JGDB-01	高平市定林寺	59.88	54.60	53.62	10.46	7.96	8.56	11.57	1.63	15.62	含 10% 石灰的泥背
JGDB-02		37.06	33.93	33.39	9.92	7.53	9.08	12.27	1.47	14.86	
JLEB-01	陵川县二仙庙	31.54	20.14	19.24	39.02	32.14	1.56	2.11	2.87	7.35	含 40%~95% 石灰的灰背
JLEB-02		9.27	0.70	0.53	94.32	92.48	0.06	0.08	1.84	1.96	
JGETZ-04	高平市二仙庙	31.16	24.92	24.47	21.47	16.83	3.66	4.94	1.46	6.81	含约 25% 石灰的泥背

注：G：现有黏接剂含量，wt%；
　　U：原始黏接剂含量，wt%；
　　B_1：测定的灰砂比，1（灰）：B_1（骨料）；
　　B_0：原始灰砂比，1（灰）：B_0（骨料）；
　　S_1：黏接剂中现有水硬性组分，wt%；
　　S_0：黏接剂中原始水硬性组分，wt%。

7.3　不同类型苫背植物生长实验

为了准确地观察自然环境中不同比例灰土条件下植物生长的特点，特进行了模拟实验，实验地点位于上海，时间从 2014 年 8 月至 2016 年 10 月。

7.3.1　实验材料

（1）原料选择：石灰为工业级石灰，土取自山西省高平市李门二仙庙 2013 年现场取样，草籽为黑麦草。

（2）石灰与土的比例

将石灰与土按照以下比例混合：100：0、80：20、60：40、50：50、30：70、20：80、0：100 七种比例混合，每份样品重约 6kg，做 3 个平行样品。

（3）实验步骤

①将未烘干的土过 4mm 筛；

② 石灰 + 土称好混合后过 4mm 筛;

③ 每份混合料加 15g 草籽,混合料与草籽混合后装盆、养护;

④ 观察、拍照记录。

7.3.2 实验结果

在一周后,草籽发芽,在纯土中有大量黑麦草,而纯石灰中只有表层漂浮的 2~3 粒草籽发芽了(图 7-7)。

经过 2 年多的实验观察(图 7-8),原始添加到灰 - 土中的黑麦草在上海的潮湿气候下全部枯死,代之为当地的植物物种。其中,纯土的植物最茂盛,纯石灰的盆中只有灰与盆的边缝隙中及石灰裂缝中有草生长。测定不长草的石灰 pH 值在 12~13,而草茂盛的灰土 pH 值为 7~9。

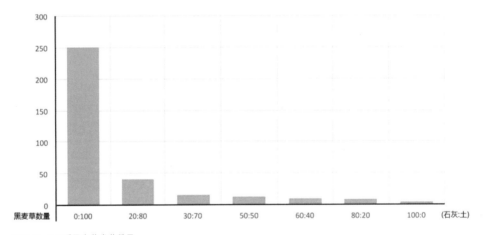

图 7-7 7 天后黑麦草发芽数量

实验研究说明,混入泥土中的黑麦草在没有石灰的泥土中生长旺盛,可能会导致屋面瓦松动。但 1 年后,黑麦草死亡,当地植物会在含水率较高的中 - 弱碱性(含石灰较少)灰泥中生长茂盛。

7.4 石灰对砖瓦等的二次固化

山西的匠人在修缮屋面时,常常将新瓦浸入调成黑色的石灰水中,以增加强度,调匀色彩。为研究这种工艺是否科学,将传统的黏土青砖进行石灰砌筑,保湿养护 6 个月,分别测定处理前后砖的横向超声波速度。结果发现,经过 6 个月处理的青

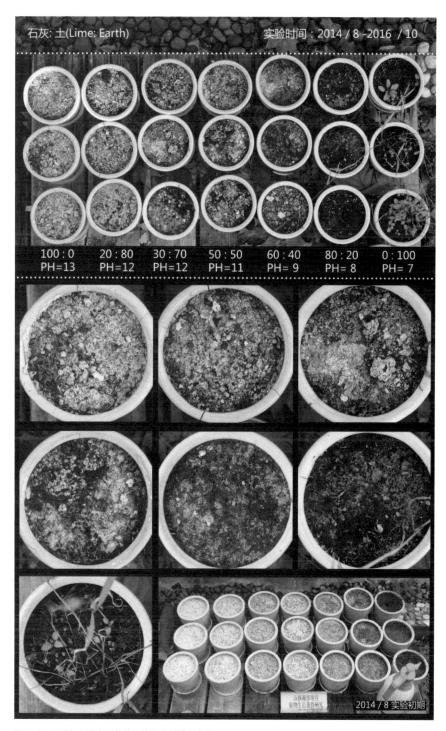

石灰：土(Lime: Earth)　　　　　　　实验时间：2014 / 8 -2016 / 10

| 100 : 0 | 20 : 80 | 30 : 70 | 50 : 50 | 60 : 40 | 80 : 20 | 0 : 100 |
| PH=13 | PH=12 | PH=12 | PH=11 | PH= 9 | PH= 8 | PH= 7 |

2014 / 8 实验初期

图 7 0　不同灰土配比两年内植物生长情况变化

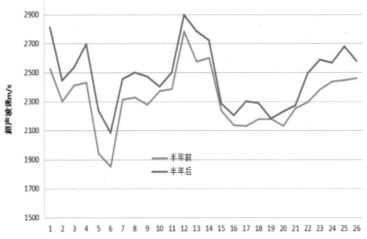

图 7-9　传统青砖经气硬性石灰处理前后超声波速度的变化

砖其横向超声波速度有明显提高，增加幅度在 1%～16%，平均为 6%（图 7-9）。横向超声波速度代表了砖（瓦）的抗折强度。说明，经过气硬性石灰"呵护"处理的砖（瓦）的抗折强度有明显提高。有理由推测，经过数年至数百年"呵护"的瓦的强度会得到质的提升。

7.5　灰、泥苫背湿热交替仿真模拟

为分析山西南部不同屋面构造的耐久性，利用 WUFI 软件仿真模拟了不同屋面含水率等变化特点（Leimer，2015）。WUFI 是分析墙体、屋面湿 – 热变化的计算机模拟软件，是目前建筑节能设计的重要计算机辅助手段。近年来，这种手段也应用到建筑遗产的保护中，梳理出传统构造的科学性，或发现可能的隐患，在实施前比选各种可能方案，为科学的保护修复方案设计提供参考。

简化的山西屋面构造及厚度见表 7-2。作为对比的瓦是素胎陶瓦和青揾瓦，后者按照"营造法式"描述为带有褐色类似釉面的瓦（图 7-4），是先用瓦石摩擦干燥的黏土瓦坯（用于烧素胎陶瓦的瓦坯）以磨去瓦坯上的布纹，然后用湿布擦拭晾干后用洛河石打磨碾压，再掺滑石粉末或者茶土（分别称为滑石揾和茶土揾）在表面抹匀，烧制时依次加入艾草、蒿草、松柏柴、羊粪、麻籽和浓油，使之在瓦坯表面形成一层黑色的膜，增加其防水耐久性能。青揾瓦具有极低的透水率。

表 7-2　山西南部简化屋面构造

	厚陶瓦/泥背	厚陶瓦/灰背	薄陶瓦/泥背	薄陶瓦/灰背	青掍瓦/泥背	青掍瓦/灰背
瓦厚	20mm	20mm	15mm	15mm	20mm	20mm
泥背厚	50mm		50mm		50mm	
灰背厚		50mm		50 mm		50mm
护板灰,厚	20 mm	20mm	20mm	20mm	20mm	20mm
松木望板,厚	20mm	20mm	20mm	20mm	20mm	20mm

按照山西太原气候等边界条件,经过5年四季变化后得到的结果简化为表7-3。

表 7-3　山西南部简化屋面构造参照太原气候5年湿热交替后各构造层的质量含水率 [kg/m^3]（Leimer, 2015）

	厚陶瓦/泥背	厚陶瓦/灰背	薄陶瓦/泥背	薄陶瓦/灰背	青掍瓦/泥背	青掍瓦/灰背
总含水率	23	21	22	20	7	6
瓦内部	200	200	200	200	41	87
泥（与瓦界面层）	294		293		129	
灰（与瓦界面层）		248		248		66
护板灰,与松木界面	120	120	120	120	10	107
松木,与灰接触	<80	<80	<80	<80	72	72

备注：红色：表示含水率远超过容许界限值；黄色：表示含水率超过容许界限值；绿色：表示含水率低于容许界限值。

从模拟结果可以看出,同样的构造,采用泥背的屋面总体含水率均高于灰背,泥背与瓦接触界面的含水率也高于灰背与瓦接触界面的含水率,特别重要的是,采用陶瓦的泥背中,含水率可以达到293~294kg/m^3,接近或超过泥的塑限（塑限概念见第5章）,也就是说,泥背在不到5年的干湿交替作用下由固态变成塑态,会逐渐散失黏结力。瓦的厚薄（20~15mm）对屋面的耐久性没有根本影响,最佳的屋面构造是采用青掍瓦＋纯石灰的灰背!

本章小结

经过实际观察、试验分析、仿真虚拟模拟等研究，证实传统建筑屋面苦背采用纯石灰比泥背好（表7-4），好在如下四个方面：

（1）石灰的强碱性可以有效抑制植物生长；

（2）石灰的耐水性好于泥，即使发生屋面渗漏，石灰仍然可以黏结瓦；

（3）石灰的孔隙率在40%~60%，可以储存渗漏，也容许潮气释放；

（4）石灰与传统的瓦（砖）具有化学反应，可以提高瓦（砖）的强度。

表7-4 苦背使用材料性能对比

	泥背（纯泥）	灰背（纯石灰）	说明
容重 g/cm³	1.65	1.13	石灰比泥轻30%
耐水性	不耐水	耐水	当发生渗漏时，泥背上的瓦会发生滑动
透气性，μ	10，很好	10，很好	—
导热性能，λR，W/mk	2.1	0.3~0.4	石灰比泥保暖性能好5-10倍
与瓦的作用	简单的物理结合，靠摩擦力	与瓦之间存在化学反应	石灰具有优势
植物生长	容易	几乎不生长	石灰的碱性抑制了植物的生长
材料成本，单价，元	约50/m³	约500/m³	
900平米厚80mm材料成本	3600元	36000元	成本增加3.24万元

根据实验研究结果，从抑制植物生长、保护木屋架等角度而言，苦背中泥的添加量不宜高于30%，以纯石灰为最佳。尽管采用纯石灰材料成本会有所增加，以900平方米的屋面灰计算成本增加3万~4万人民币（表7-4），但是从工程质量长远考虑而言，这是物有所值的。

本章主要引自：

山西省文物局、同济大学历史建筑保护实验中心完成的《山西南部早期建筑砖瓦质量标准研究报告》（2014），技术总指导黄继忠，先后参加人员有黄继忠、戴仕炳、刘晓刚、李会智、吴锐、王芳芳、卢龙英、王卫滨、周月娥、居发玲、周菡露、刘斐、Hans-Peter Leimer（莱默）、Gesa 格桑 Schwantes 等。

8 广西左江花山岩画抢险加固为什么选择天然水硬石灰

花山岩画作为广西左江流域岩画的最大的岩画点，作为古骆越文化的象征，体现着壮族文化的核心，是壮族人民的重要文化遗存，因而具有极高的历史和艺术价值，堪称世界岩画史上罕见的精品（图8-1）。在2016年第四十届联合国科教文组织世界遗产委员会大会上，花山岩画被正式列入世界遗产文化景观名录中。

花山岩画赋存的石材类型为石灰岩体，本体岩体的开裂、脱空、剥落、崩塌等是花山岩画存在最严重的威胁病害，对岩画的破坏也是最为直接的，在开始加固前，这些病害还处于发展、恶化的状态。花山岩画保护的核心工作是岩画本体开裂的加固，而开裂岩体加固的核心工作是选择合适的加固材料，并研发出适合花山及其所处气候环境的材料系统。从2006年开始，在中国国家文物局、广西壮族自治区文化厅等的直接指导下，由中国文化遗产研究院组织，同济大学、上海德赛堡建筑材料有限公司等单位联合开展适合花山岩画抢救加固材料，取得了重要突破。成果经

图8-1 花山岩画及局部人物、动物及太阳

专家评估指导、课题组完善后，研发的修复材料于 2012—2014 年大面积用于工程实施（图 8-2）。

图 8-2　花山岩画开裂、脱落的恶化发展（2010 年）

8.1　花山岩画的病害特点

除了岩溶、植物苔藓等覆盖外，花山岩画的开裂剥落是首要病害。这些开裂一方面与地质构造有关，表现为断层、节理等；另一方面与岩石的劣化有关，大量与岩画价值保存密切联系的是和崖壁壁面平行或成一定角度的片层状开裂和剥落。裂隙宽度变化很大，有宏观裂隙与微裂隙的区别；走向不一，有平行崖壁的主要裂缝、平行崖壁的次要裂缝、垂直崖壁的裂缝、隐性裂隙等。新开裂的裂隙壁面干净，但是旧裂隙内有钙质沉积、泥质沉积、昆虫尸体等附着物。

后者的原因是非地质的，成因与石灰岩体的结构失稳、剧烈温差变化、干湿交替等有关。花山岩画的载体及所在区域的特殊地质环境使花山岩画长时间暴露在日光直射下，岩画所在岩壁温度可达 50℃以上，花山岩画的载体为致密石灰岩，主要成分为方解石，方解石在受热时发生各向异性的膨胀收缩，导致岩石的块状—粉末状分解。裂缝的长度和宽度随温差及干湿交替变化发生轻微改变，一些隐形的微观裂隙也可能进一步发展扩大。当裂隙扩大到一定程度后，连接部位不足以支撑整个表层岩片时，就会发生不可逆转的掉落。

此外，凝结水/冷凝水也是导致壁画颜料脱落的罪魁祸首之一，岩画表面的颜料脱落大部分与冷凝水有关。

8.2　抢救加固材料的选择

由于花山岩画本体处于自然山崖上，无法采用预防性的环境控制手段，病因无法得到根除或缓解。因此解决的策略以稳定岩壁、保存现有岩壁表面的岩画为首要目标，选择一种适合的保护材料对开裂岩画进行黏结注浆加固处理，同时避免干预措施引起新的病害。此外，要求冷凝水对壁画的影响通过此次抢救加固后能够得到缓解（图8-3）。

花山岩画本体开裂岩体加固材料应该满足以下要求：

（1）具有稳定、长久的黏结强度，对环境要求低，特别是要能满足在有凝结水时和较高温度下施工，凝结水对固化不发生影响。理想情况下，强度能够维持较长时间。

（2）与岩画岩体性能相近—结构相近、热膨胀系数相近；加固好的岩片如果再开裂，仍能沿原主要裂纹方向发展，从而避免在岩石中产生新的裂纹，或使次要裂缝发展成主要裂缝，因此要求新的加固黏结材料的强度要远低于花山石灰岩强度。

图 8-3 花山岩画所处的环境决定了保护措施的抢救性与开放性（2010 年）

（3）与岩画岩体的化学兼容性：采用与花山岩画的石材在化学成分上相近的无机材料，保证材料的吸水性和透气性。

（4）加固粘贴材料尽可能缓解凝结水对岩画的影响。

（5）不存在后续衍生的问题——污染、析水、析盐。

（6）耐老化。

在大量的调查研究及团队早期的研究成果基础上，比较了环氧树脂、水泥、硅橡胶等材料后，最终选择天然水硬石灰作为粘结材料，并对其研发改良，最终配比出适合的修复材料。最终选择天然水硬石灰，因其具有如下特点：

（1）足够的强度粘贴加固已经脱落或者开裂的表面石片；

（2）与石灰岩具有良好的化学兼容性，作为无机材料，与石灰岩有类似的热膨胀收缩性能；

（3）较高的吸水率及透气性；

（4）可溶盐含量低，对岩画影响小；

（5）相比有机材料，耐老化性能好；

（6）在未完全固化时，具有自愈性。

因此，选择了天然水硬石灰作为主要黏合剂进行配方优化。

8.3 花山岩画抢救性加固材料的研发

在原材料方面，选择了天然水硬石灰及改善性能的各种助剂（表 8-1），添加助剂的目的是改善诸如流动性、和易性等性能，使天然水硬石灰更适合使用，助剂的添加总量控制在重量比 1% 以内。

表 8-1 天然水硬石灰粘结材料基础配方

基础配方		组分
胶结材料	天然水硬石灰	（1）德国 Hessler 公司生产的 NHL2 （2）法国 St Astier 公司生产的 NHL5、NHL3.5、NHL2 （3）德国 Otterbein 公司生产的 NHL5、NHL3.5、NHL2
	丙烯酸树脂	德国 Wacker 公司生产的可分散乳胶粉
骨料		采用花山灰岩加工的石粉并根据理论级配曲线优化颗粒组成
助剂		保水剂、消泡剂、减水剂等
稀释剂		水

根据施工工艺要求，设计了两种材料类型，即封口黏接剂、注浆黏接剂，并拟定了技术指标（表 8-2）。

表 8-2 花山岩画抢救加固的材料体系

材料类型	说明	技术参数
封口黏接材料 （封口黏接剂）	封口黏接材料是以不同粒径的石灰岩为骨料，以天然水硬性石灰作为结合剂，辅以触变剂、减少剂、可再分散胶粉等配制而成。在现场由专人配制，加入一定量的水，搅拌均匀后即可使用	（1）抗压强度：28d 1~5Mpa，最终强度为风化岩石的 20%，约 10~15MPa； （2）抗压与抗折强度比：$\leqslant$ 3MPa； （3）收缩：实验室测得 $\leqslant$ 0.15%，现场施工面无裂纹； （4）热膨胀系数：$\leqslant 10 \times 10^{-6}$，与石灰岩在同一数量级内； （5）附着力 / 拉拔强度：$\geqslant$ 0.10MPa（7d）~0.5MPa（28d）； （6）抗剪强度：0.1~0.3MPa； （7）吸水性：吸水速度高于石灰岩，毛细吸水系数 $\geqslant 2kg/m^2 \sqrt{h}$； （8）透气性：$\geqslant$ 石灰岩的透气性，越高越好
注浆黏接材料	注浆黏接材料是以石灰岩岩粉为骨料，以天然水硬性石灰作为结合剂，辅以减水剂、消泡剂等配制而成。在现场由专人配制，加入一定量的水，搅拌均匀，过滤后即可使用	（1）抗压强度：28d 1~5MPa，最终强度约 5~10MPa； （2）抗压与抗折强度比：$\leqslant$ 3MPa； （3）收缩：实验室及现场实验均无裂纹； （4）注浆材料的流动性：很好，可灌； （5）热膨胀系数：$\leqslant 10 \times 10^{-6}$，与石灰岩在同一数量级内； （6）附着力 / 拉拔强度：$\geqslant$ 0.10MPa（7d）~ 0.3MPa（28d）； （7）抗剪强度：0.1~0.3MPa； （8）吸水性：吸水，毛细吸水系数 $\geqslant 2kg/m^2 \sqrt{h}$； （9）透气性：比石灰岩的透气性要好，越高越好

为慎重起见，研发工作分三个阶段进行（表8-3），地点分别选择在上海、花山及北京，以判别不同气候条件下天然水硬石灰的固化性能。在所有的实验结果均满足花山岩画保护的要求后，开展大面积的施工（图8-4—图8-6）。

表8-3　研发实验阶段及目的

研发阶段及完成地点	目的及内容	评估指标
实验室阶段（第一阶段）上海、北京、花山	确定材料性能及基本配比	材料性能的实验数据
现场研发实验阶段－无岩画区域（第二阶段），花山、上海、北京	可施工性及有损实验	视觉效果、内部填充性能、界面结合性能、强度等
大规模实施前实验阶段－有岩画区域（第三阶段）花山、上海、北京	可施工性及无损实验	加固后的最终效果是否满足要求

图8-4　在无岩画区域的现场实验

图8-5　在有岩画部位的实验

图 8-6　申请世界文化遗产前的抢救性保护施工（2012 年）

本章小结

由于较低的收缩性，德国 Hessler 公司生产的 NHL2 和法国 St Astier 公司生产的 NHL5 适合作为注浆材料的黏结剂使用，而德国 Hessler 公司生产的 NHL2 因为具有更好的韧性最后成为用于花山抢险加固的天然水硬石灰。改良后的修复材料中，添加总量小于 0.8% 的助剂，用以改善注浆料的流动性，降低收缩。经过实验室实验与 2009—2010 年现场试验结果的评估，证明修复材料及工艺切实可行，确保大面积施工的安全可靠性。

该项目所进行的早期广泛的研究工作也说明，即使确定天然水硬石灰类型是最佳的修复材料备选时，也需要对所选材料进行深入研究，因为不同的天然水硬石灰具有不同的性能。

在申报世界文化遗产前的保护工程仅为抢救性的，有关花山岩画的保护还有很多工作尚待完成，如花山岩画本体的检测、监测及与材料的关系等。另一方面，大量的微裂隙未来可能发展为宏观裂隙，威胁岩画的安全，需要开发出合适的材料与工艺对其进行预防性保护。近年来，基于醇类的微米石灰在文物保护方面的研究取得重要进展（见第 3、10 章），可为花山岩画微观保护提供思路。

本章主要引自：

中国文化遗产研究院（分别由王金华、李黎、王云峰、刘建辉、张兵峰、郭宏、周霄、胡源等负责）组织的由中国文化遗产研究院、同济大学、上海德赛堡建筑材料有限公司等单位完成的一系列花山岩画保护材料研究报告及王金华、严绍军、李黎著《广西宁明花山岩画保护研究》（中国地质大学出版社，2015）。

9 如何采用石灰牺牲性保护清水砖墙

9.1 清水砖墙主要材料特点

中国历史建筑清水砖墙的类型复杂，按照砖的类型，可以分成烧制黏土砖和模压水泥砖两类。烧制黏土砖有传统青砖、现代青砖、各种不同类型及质感的红砖、过火砖、耐火砖、泰山砖、瓷砖等。模压水泥砖等是随水泥广泛使用而出现的新材料，在沈阳（欧人监狱）、上海（工部局）、武汉等地的 20 世纪 10~30 年代历史建筑中均有发现。本书讨论的是烧结黏土砖清水砖墙（图 9-1）。

清水砖墙的砌筑材料包括黏土、纯石灰膏、灰土膏（灰泥）、石灰砂浆、混合砂浆、水泥砂浆等。中国最早的清水砖墙可能出现于秦代，采用黏土砌筑，而采用水泥及水泥石灰混合砂浆则开始于 1950 年前后。而目前被列入保护的建筑大多数为土、砂石灰砂浆。

勾缝材料类型主要有纸筋灰、麻刀灰、青灰、石灰砂浆、水泥砂浆、桐油石灰等。实际调研中也发现较多的清水砖墙，勾缝材料与砌筑材料为同一材料。

中国历史建筑清水砖墙的主要材料特征见表 9-1。

表 9-1　中国历史建筑清水砖墙立面材料主要特征

材料类型			材料特点及主要组分
砖	烧结黏土砖	传统青砖	青灰、蓝灰色、土黄色调、灰色人工或机械制模烧制闷窑而成，烧制温度一般低于 900℃
		现代青砖	青灰色，与传统青砖比较烧制温度高于 1000℃，局部有熔融
		红砖	红－橙色，制模烧制不闷窑而成
		过火砖	含有低熔点的矿物砂（如长石）土在烧制时发生局部熔融；
		耐火砖	耐火黏土在 1400℃左右烧制而成
		泰山砖	含砂较多的亚黏土烧制而成
		瓷砖	富含高岭土的土高温烧制而成
砌筑砂浆		土	含砂的土、黏土及粉砂
		纯石灰膏	熟石灰膏，石灰固化后的产物，$CaCO_3$ 含量 90% 以上
		灰土膏	添加一定黏土的石灰膏，石灰与土的比较为 1：1 左右
		石灰砂浆	添加河砂及其他组分的石灰砂浆，石灰与砂的比例为 1：2~1：3 左右
		混合砂浆	添加河砂、水泥的石灰砂浆
		水泥砂浆	河砂与水泥混合物
嵌缝剂材料		纸筋灰、麻刀灰	添加麻、稻草等植物纤维的石灰膏
		青灰	添加草木灰等制成的石灰
		石灰砂浆	同砌筑灰土砂浆，但添加细河砂颗粒
		水泥砂浆	同水泥制成的砂浆，有时掺杂少许水泥等，不添加细河砂
		桐油石灰	生桐油与石灰反复捶打而成，石灰含量在 75%~80%

图 9-1　各种类型的烧结黏土砖及缝

9.1.1 烧结黏土砖

（1）传统青砖

中国传统工艺烧制出的青砖尺寸变化大，颜色从深灰到浅灰，个别泛黄，这与烧制温度、烧制时间、原材料类型、闷窑工艺等有关。传统青砖的特点是强度低，抗压强度一般为 5~15Mpa，吸水率高，可达到 25%~45%（体积比），毛细吸水系数可以达到 15~30kg/m$^2\sqrt{h}$ 等。不同的青砖具有不同的耐冻性能。

（2）烧结黏土红砖

不同地区的红砖成分、机械物理性能差别很大。上海地区开埠时大量使用的烧结黏土砖为红 – 橙色，风化的表面为褐 – 黑色，砖的成分基本一致，黏土矿物含量高，砂的含量比较低。但是，不同类型的红砖孔隙率变化较大，部分很致密，部分十分轻，抗压强度从 6MPa 到 22MPa，差别达 4~5 倍。和青砖一样，大多数红砖具有高吸水率，吸水速度也很快。

根据黏土砖的颜色、孔隙率、成分等，推测上海地区大部分红色黏土砖取土时进行严格筛选，但制坯时质量参差不齐，烧制温度为 900℃左右。

天津湖南路等花园式私人别墅外立面以"琉缸砖"墙面结合水泥拉毛墙面，砖砌窗套。红砖部分为一种烧制温度高的欧洲被称为 Clinker 的缸砖，强度高、吸水率低，极耐冻，据称从欧洲进口。另一种称为"琉缸砖"，为褐色或紫色，局部黑釉面，主要成分为细砂、黏土，与上海等南方地区的砖相比，黏土含量比较低，砂颗粒含量高，烧制温度为 1000℃~1100℃，发现熔融现象。在河北路 288 号的黏土砖一侧有"Ｅ Ｆ"字体，另一侧有丝切痕迹，表面也可见模压产生的纹理，说明生产工艺为模压后一切为二，再烧制。

（3）耐火砖

上海体育大厦、兰心大厦、天津五大道等采用表面粗糙的耐火砖，新鲜面呈黄、橙红等不同颜色，与砖的成分及烧制温度有关。褐黄色含铁较高，在显微镜下，可以观察到熔融的特点，表面老化后呈现典型的黑色。耐火砖含砂量高，砂的成分主要为石英、长石，颗粒大小约 0.1~3mm，黏土含量低，孔隙度比较高，约25%~35%，吸水强烈。新鲜面颜色大致可以分成两种：浅黄色与深褐色烧结温度较高，不低于 1000℃~1200℃。

和泰山砖一样，颜色的不同除和烧制温度有关外，主要和其钙、铁含量有关，钙含量高，呈橙色，铁含量高，呈红色。

9.1.2 清水砖墙砌筑灰浆

在分析了上海、天津、武汉等地的近现代历史建筑的清水墙砌筑灰浆后，发现其具有一定的相似性，均较多采用砂土与石灰混合（图9-2），肉眼及在体视显微镜下观测一般为灰白色，可见石灰等颗粒。

化学分析结果显示，砌筑灰浆的原始石灰（相当于消石灰）含量约25%~50%，石灰与砂土的比例1：1~1：3。使用的骨料随区域变化而变化，其中以细砂及泥为主，如天津湖南路的砌筑灰浆中主要为<0.5mm的细粉砂及泥。

上海20世纪20年代，出现过配比非常科学的现代石灰砌筑砂浆，如上海协进大厦，砌筑石灰砂浆的配比为1：2.6。杭州九星里则主要为中粒河砂，砂中含少量黄泥，却含有一定活性组分的黏土砖碎屑。

大量研究说明，1份重量比的石灰加2~3份重量比的河砂制成的石灰砂浆，具有最理想的强度，最低的收缩率，如再添加低温烧制的黏土砖磨碎的粉料，则可以增加石灰砂浆的强度、粘结性及耐冻性。因为低温烧制的黏土砖中含有的活性组

图9-2　1930年天津五大道墙体砌筑方式（一顺一丁）及灰土砂浆

份可以与石灰的 Ca（OH）$_2$ 发生反应，形成硅酸钙水化物。此类石灰相当于今天人工合成的水硬性石灰。

9.1.3　砖缝

　　传统的勾缝材料为纸筋灰（南方）或麻刀灰（北方），为添加麻丝、稻草的熟化石灰。例如上海益丰大厦现在残留的勾缝类型有两类：石灰基的含麻丝元宝缝和水泥基平缝（图 9-3），其中麻丝元宝缝最为接近原始勾缝形制，材料上也最接近，而水泥平缝为后期的维修产物。

　　通过对北京原清末海军部含麻丝的不同勾缝剂分析表明，古代添加麻丝是比较随意的，麻丝含量从 2.6% 变化到 32%。

图 9-3　可以解读的修复历史：早期修复采用纸筋灰元宝缝，后期改为水泥平缝

表 9-2　北京原清末海军部旧址勾缝材料骨料中纤维材料含量

编　号	Ⅰ /A-JM	Ⅰ /B-JM	Ⅱ /C-JM	Ⅴ /D-JM	Ⅲ /E-JM	Ⅲ /F-JM	Ⅳ /H-JM
纤维材料（%）	14.55	32.11	14.71	< 2.63	< 3.33	26.32	36.42

　　另一种常见的勾缝剂为桐油石灰，它与石材、砖有非常好的结合力，具有很好的防雨水能力，耐久性也比较好。

　　水泥基勾缝材料常见于 1930 年代以后的清水墙面，如天津五大道，主要勾缝材料为水泥，适合石灰水泥砖、耐火砖等高强度砖。若在传统的低强度黏土砖表面采用水泥砂浆勾缝，常常会造成旧砖的破坏。

9.2　清水砖墙病害特点

　　清水砖墙的损坏有砖的起皮、缺损、粉化及微生物青苔附着、砖缝脱落等，这些都和自然因素特别是和水有关，在没有雨水的部位，或干燥气候下，清水砖墙保存一般完好。几乎所有保留至今的清水墙，都经过不同程度的修复，因此，很多清水墙的损坏上总能见到人为破坏或错误的修复痕迹。

9.2.1 起皮、片状脱落

起皮是砖表面的片状脱落（图
9-4），产生的原因与温差、干湿交替
导致的变形有关，也可能与水溶盐及冻
融有关，特别是憎水砖墙局部发生渗漏
导致水、盐聚集，并发冻融。

图 9-4　原因未解的砖起皮

9.2.2 粉化、泛碱

粉化表现为砖表面出现砂、微细的鳞片等。粉状病害常常与水溶盐有关（图
9-5）。

起皮与粉化常常伴生（图 9-6），表面的砖皮脱落后，内部的砖表现为粉化。

9.2.3 砖缝脱落

缝松动、脱落是最常见的病害（图 9-7）。缝脱落后的墙面抵抗雨水的能力大
大降低。

图 9-5　粉化（此处砌筑石灰浆的强度明显高于砖）

图 9-7　灰缝脱落

图 9-6　由于潮湿导致的起皮、泛碱及粉化

9.2.4 覆盖、涂刷及生物附生

在 20 世纪 80—90 年代，为解决渗漏等问题，很多的清水墙采取水泥砂浆粉刷（图 9-8）或涂刷涂料（图 9-9）的方式。粗糙的砂浆层损害了建筑的历史及其美学价值。涂刷的涂层有部分起到了很好的保护作用，但有很大一部分由于不透气或其他原因，不仅影响美观，也加剧了墙面的破坏（图 9-9）。

图 9-8　水泥砂浆层下的清水墙

图 9-9　涂料及潮湿引起的苔藓

9.3　既有的保护修缮措施评估

　　目前在中国实施的清水墙保护修缮方法包含基层清理、清洁、砖替换、修补、勾缝、渗透增强、勾缝、憎水、平色等，这些技术组合使用得当可以很好地保护清水墙，延续美学及使用功能。具体技术措施见戴仕炳、张鹏著《历史建筑材料修复技术导则》。对 10~20 年前完成的清水墙评估后发现，某些措施也存在损伤墙面的副作用，有的甚至加速既有清水墙的劣化。

9.3.1　清洁

　　清洁是采用去涂鸦剂/脱漆剂脱除掉旧涂料，去除灰尘等日常维护或修复过程的技术措施。在清洁过程中，常规方法之一是使用高压水枪（图 9-10）。高压水有时加砂仅适用高强度砖墙清洗，由于中国大多数传统清水砖墙的黏土砖强度低，采用高压力水或喷砂方法清洗会破坏墙面，大量的水也会激活墙内的水溶盐。清洁中不宜追求干净完美。无损的敷贴方法是对墙面损伤比较小又能深层去除盐分的措施，只是在工期上需要 2~4 周时间，造价会增加。

图 9-10　高压水清洁仅适合潮湿地区的强度比较高的砖

9.3.2 砖缝清理

雨水渗到清水墙墙体的主要通道之一为砖缝，而清水墙面的效果最终是通过砖与不同颜色、材质、深浅的缝呈现出来的，因此清水墙砖缝处理是保护修缮的重要环节。清水墙面修复的主要问题是保留历史信息与恢复历史原貌及提升墙面性能之间的矛盾，过多的清理不仅会损坏砖，更会抹杀历史信息。保留旧有的砖缝，选择性修补（图9-11），使墙面

图9-11 尽可能保留历史信息的修缝（修缮后的效果）

具有可读性，是保护的最高目标。但是此法对施工人员的素质要求很高，也存在进一步渗漏的隐患。

9.3.3 砖的处置

历史建筑的砖无论是从历史价值还是从保护资源角度都应尽可能多地予以保留，应避免后期修复的处置对其造成二次损害。大规模掏换旧砖，不仅抹杀了历史建筑的信息记录，对资源也是一种浪费，应尽量避免。在对砖的处理，如替换（Replacement）、翻转（Piece in）、修复（Reprofile）及保存（Conservation）等过程中，目前大多数采用水泥，产生严重次生病害。

9.3.4 表面渗透增强

烧结黏土砖及模压水泥砖等材料可以采用硅酸乙酯类增强剂进行渗透增强，以增加砖的强度及耐久性。但采用硅酸乙酯类增强剂增强时，材料使用量需要保证在 $3L/m^2$ 以上。当增强剂施工量不足时，反而容易导致表层起壳，加剧表层风化。目前大多数的保护项目，存在资金不足的问题，难以支撑施工优良的材料表面渗透增强费用。此外，硅酸乙酯类增强剂是易燃品，在仓储和运输的过程中存在风险。

9.3.5 修补与勾缝

近十年，我国在对砖的修补认识上取得了一定的进展，高强水泥基修补剂逐渐被低强石灰基材料取代，但目前尚缺乏对修缝材料与旧砖兼容性的系统研究。就目前有限的后评估发现，经过大约10年，采用低强修补剂修补过的个别砖表面出现劣化，这可能是修补剂吸水速度低于旧砖造成的（图9-12）。目前用于砖石修复的干粉修复剂，通常经由实验室优化再由工厂生产，保证了施工的进度和预算等问题，并在一定程度上保证

图9-12 剧烈温差、冻融、干湿变化及水溶盐环境下的清水墙在无法根除上升毛细水的情况下要找到耐久修复措施是困难的

了修复材料质量。但工业化的标准生产，各单体建筑对修复材料个性化的需求，资金工期的有限，这三者难以调和的矛盾是修复工程难以做到尽善尽美的根本原因。

9.3.6 憎水处理

憎水处理是利用憎水材料浸渍渗透到砖及其缝，使这些材料中的毛细吸水作用不发育的一种处理方法。憎水处理后的材料吸水速度大幅降低，墙面的防雨水能力得以提高。但是，憎水处理只能阻止无压力水进入材料中，不能阻止水沿结构性裂缝浸入墙内。水在憎水处理的材料内只能以蒸汽方式扩散，在憎水和没有憎水的界面之间会出现盐结晶等。因此，憎水处理仅适用于降雨量大、墙面密实度不够、水溶盐含量不高、结构稳定无裂缝等建筑面层防雨水处理，施工时也要求墙尽可能干燥。蒸发量大于降雨量的干燥地区建筑面层，含水溶盐高的立面，或存在无法根除其他来源的水（结构导致的渗漏、上升毛细水、冷凝水等）的墙面，宜充分评估憎水处理的次生病害，如必须做防雨水处理时，宜优先考虑非渗透性的涂抹法（见后述）。

9.4 什么是牺牲性保护

"牺牲性保护(Sacrificial Conservation)"是为本体敷设或添加特定的新材料，以牺牲新材料而最大限度地保全有价值的历史材料的一种技术方法。

牺牲阳极的阴极保护是为现代人所熟知的金属材料、钢筋混凝土等保护方式，虽然这一概念早已有之，但用于文化遗产保护修复的"牺牲保护"这一概念的明确提出还是非常近期的事情。这种方法的提出并应用到砖石等遗产建筑主要是由于"永远性"保护的措施失效（图9-13）以及"追求"对遗产本体"一劳永逸"式保护中产生了无法修复的损害。

德国环保基金会资助的石材监测、美国盖地研究所等的研究表明，20世纪前半叶尝试使用树脂溶剂封护石材，在几十年后出现溶剂蒸发后树脂残留于石材表面，造成石材面层发亮且颜色脏黑的后遗症。德国人 H. Juling & F. Schluetter 对在 1970–1980 年期间外墙面采用憎水处理的德国北部近海边的历史建筑所做

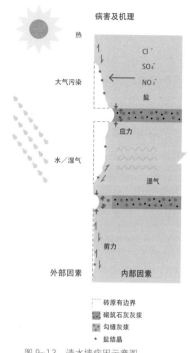

图9-13 清水墙病因示意图

的后评估也发现，部分经过处理的砖发生大面积脱落的病害现象。

之后在 1990 年，英国对砖石质文物保护技术说明第 37 条中出现："新的勾缝（Repointing）应该既被视作被保护墙体的牺牲元素，也被视作维护对象，要求强度低于周边砌体，并可能的话每隔百年进行更替。"但之后的实验及实践结果表明，百年是一个不现实的保质期，目前合理的年限约在 5~10 年。2006 年，德国国际文物保护与既有建筑维护科技工作者协会（WTA）颁布了"牺牲性抹灰导则"。该导则所使用表示牺牲抹灰的德文单词"Opferputze"，对应英文为 Sacrificial render 或 Sacrificial plaster。在 2009 年全球遗产基金会发布的技术白皮书中单独列出了一小章节，专门介绍由牺牲性材料构成的保护层，并写作 Sacrificial layer/ Protective layer，将牺牲层与保护层作等同并置解释，并认为这种牺牲性保护层"对于保护砖石遗产是一种非常实用的保护手段，经济高效，尤其适用于保护露天的砖石文物建筑"。

就目前所查阅的资料范围来看，"牺牲性保护"最早出现在保护施工报告中，经实践认可而得到推广应用，目前全世界遗产保护领域尚缺乏系统的理论总结。

9.5 应用于清水墙的牺牲性保护方式及其材料性能指标

鉴于现有的保护措施存在的各种缺陷，而且在很多情况下，即使进行保护修复，也无法根除导致清水墙损坏的外部病害因子及内部病害因子。

借鉴传统方法的耐久性（只需要持续的维护）及欧洲已有的技术指南，提出了应用于清水墙的牺牲性方式及其材料性能指标。

应用于清水墙的牺牲性保护措施有覆盖式、邻接式、涂抹式等（图9-14）。

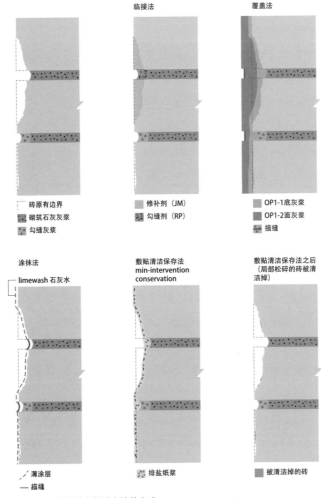

图9-14 牺牲性保护清水墙的方式

覆盖式保护是在清水墙面施工一定厚度的砂浆，视病害因子来源的不同敷设不同的砂浆。敷设的砂浆可按作用分，有导湿、储盐、隔热保温、防水等，用以保护清水墙。邻接式保护是在基本不改变清水墙外貌前提下，施工耐久性低的修补剂、勾缝剂等达到保护旧材料的目的。涂抹式是介于覆盖式、邻接式之间的一种措施。

9.5.1　覆盖式保护——牺牲性粉刷

覆盖式保护是在清水墙面施工一定厚度的粉刷层，起到保护清水墙的作用。

按照病害因子的来源，牺牲性灰浆的性能指标方面存在差异（表9-3）。对于病害因子来源于内部，如水、潮气及盐分，牺牲性灰浆需要提供通道及干湿、盐结晶溶解的空间，以保全历史材料。对于病害因子来源于外部，如雨水、温差及大气污染物，牺牲性灰浆则需起到隔热、防雨等作用（图9-15）。

图9-15　山西某国保建筑承重墙，潮气及风蚀作用剧烈，牺牲性保护粉刷是最经济有效的选项之一

表 9-3　清水墙牺牲性覆盖层分类及技术指标（指标参照德国 WTA MB 2-10-06/D）

破坏因子的来源	牺牲灰浆的类型	目标任务	性能简介	技术指标	适合的材料类型
源自内部	OP-I（短期牺牲粉刷） 作用于来自内部影响的牺牲灰浆	牺牲粉刷层作为盐结晶带；减少基础砖石层的盐结晶溶解频率	盐分向外快速迁移二储存在牺牲性粉刷层内；粉刷层的耐久性较短	孔隙率 > 基底层 表观密度 ≤ 基底层 毛细吸水系数 >1kg／m²√h 抗压强度 <5MPa 弹性模量 < 基层 附着强度 >0.5MPa 且 <50% 基底层	泥-灰泥粉刷 1:3 气硬性石灰添加稻草、麦秆等 满足技术指标的其他粉刷
	OP-IS（长期储盐粉刷）	牺牲粉刷层作为盐结晶带；减少基础砖石层的盐结晶溶解频率；降低基层的水溶盐含量	应用到含盐量极高的砌体，本体可见明显的损坏；只适用室内环境；应用到室外时表面要采用透气憎水涂层保护	孔隙率 >60% 表观密度 ≤ 1.0kg/cm³ 水蒸气扩散阻力 <10 毛细吸水系数 >1kg/m²√h 抗压强度 <5MPa 附着强度 < 基底层 脱水干燥 >1kg/m²d 0.05N/mm² < 附着强度 <0.5MPa 且 <50% 基底层	（1）气硬性石灰-水硬性石灰 + 轻质骨料 + 起泡剂等外加剂 满足技术指标的其他粉刷
源自外部	OP-ET 湿热缓冲粉刷	对温湿影响的缓冲层	减少伸缩、冻融、干湿变化的频率和强度，减少潮气进入	孔隙率 > 基底层，且 >50% 表观密度 ≤ 1.2kg/cm³ 水蒸气扩散阻力 <15 毛细吸水系数 ≤ 基层，1kg/m²√h 抗压强度 < 基底层 <5MPa 附着强度 < 基底层 弹性模量 < 基底层 <5kMPa 脱水干燥 >1kg/m²d 最小粉刷层厚 15mm 导热性 < 基底层	
	OP-ES 大气污染缓冲粉刷	抵抗来自外部环境的盐分、粉尘、有害气体、微生物等	减少极端环境／气候的外力影响	水蒸气扩散阻力 <15 毛细吸水系数 ≤ 基底层，0.5kg/m²√h 抗压强度 < 基底层 <5MPa 附着强度 < 基底层 弹性模数 < 基底层，<5kMPa 最小粉刷层厚 15mm	添加憎水剂等外加剂的水硬性石灰砂浆；其他满足技术指标的砂浆
	OP-APM 机械损伤缓冲粉刷	物理冲击缓冲层	勒脚保护；高车流人流区域；防风蚀	毛细吸水系数 ≤ 基底层 抗压强度 < 基底层，7~10MPa 附着强度 < 基底层 弹性模数 <10kMPa 最小粉刷层厚 15mm	参见第 3、4 章配比

优点：在明确病害因子来源、科学设定指标并合理使用后，可以非常有效地保护清水墙。

缺点：历史材料被覆盖，木体外观会改变。

应用对象：极重要的墙面，内部病害因子无法根除，外部剧烈温差、干湿或污染；经济与时间无法满足要求。

9.5.2 邻接式保护——牺牲性修复砖粉、牺牲性勾缝剂

在邻接砖破损部位施工耐久性低的修复材料或嵌缝剂，在达到基本完整性、满足使用功能的前提下，保护既有的历史材料。对牺牲性修补、修缝材料的技术要求核心点是：新添加的材料比要保护的材料必须同时满足低强度、高吸水速度（表9-4），清水墙的灰缝强度要求最低（表9-5）。

表9-4 牺牲性修复砖粉技术指标（参照Snethlage，1997，2005，完善）

物理参数	指标	说明	古青砖-红砖指导性指标	材料类型
抗压强度	20%~80%	低于旧砖	3~8Mpa	
毛细吸水系数，kg/m² $\sqrt{h}$（DIN52617）	100%~150%	高于旧砖	10~30	
超声波速度	20%~60%	低于旧砖	1.5~2.0km/s	气硬性-水硬性石灰基修复剂，不可添加水泥、树脂等提高强度、降低透气性的助剂
透气性	100%~150%	高于旧砖	μ=5~10	
热膨胀系数	50%~150%	和旧砖接近	（缺乏数据）	
湿膨胀系数	50%~100%	低于旧砖	（缺乏数据）	
附着力	在修复剂内部脱落	适合地附着力	0.3~0.5Mpa	

表9-5 牺牲性勾缝剂技术指标（参照Snethlage，1997，2005，完善）

物理参数	指标	说明	古青砖-红砖指导性指标	材料类型
抗压强度	20%~60%	低于旧砖，也低于修复剂	2~5Mpa	
毛细吸水系数，kg/m² $\sqrt{h}$（DIN52617）	150%~200%	远高于旧砖	15~40	
超声波速度	20%~60%	低于旧砖，也低于修复剂	1.0~1.5km/s	气硬性石灰灰浆。不可添加水泥、树脂、桐油或糯米等提高强度、降低透气性的助剂
透气性	150%~200%	远高于旧砖	μ=3~10	
热膨胀系数	50%~150%	和旧砖接近	（缺乏数据）	
湿膨胀系数	50%~100%	低于旧砖	（缺乏数据）	
附着力	在勾缝剂内部脱落	适合的附着力	0.3~0.5Mpa	

图 9-16　北方干旱地区"邻接式"牺牲性保护试验

优点：目前大多数的清水墙面采用此方法修复，基本保留清水墙的外貌（图 9-16），只是需要特别限制水泥等高强度材料的应用，优化强度及吸水速度，类似图 9-3 的低强度、高吸水率的石灰修复剂是理想的牺牲性材料。

缺点：外部病害因子仍然损害旧砖，牺牲保护的效果存在局限。修复剂、勾缝剂的有限耐久性容易引起所谓"豆腐渣工程"的质疑。

应用对象：大部分清水墙修缮。

9.5.3　涂抹式保护——涂层与平色

涂抹式保护是在清水墙面涂刷厚度为从几十微米到数毫米厚的非永久性保护层，以减少外部病害因子对清水墙面的损害，同时使内部病害因子迁移到涂层与历史材料之间或穿透涂刷层而达到保护历史材料的方法。在清水墙表面涂刷涂层在中国（图 9-17，图 9-18）和欧洲均是传统"出新"工法，英国叫"Staining"。砖石表面的涂抹式保护在近 10~20 年开始得到重视，主要原因是发现渗透到砖及其他材料内部的憎水处理，使用不当，如含水溶盐、开裂、上升毛细水等，产生不可逆转、也不可以再处置的病害。而作为牺牲层的涂抹层使用的材料具有无渗透性、可逆性、可再处置性等特点（表 9-6）。

图 9-17　涂抹式保护（武汉，摄于 2013 年）

图 9-18　平色层 11 年后局部斑驳 （上海）

表 9-6 牺牲性涂层技术指标 （参照 Snethlage，1997，2005，Auras，2013 等完善）

物理参数	指标	说明	古青砖－红砖指导性指标	材料类型
毛细吸水系数，kg/m² $\sqrt{h}$，DIN52617	10%~100%	远低于旧砖	1~10	气硬性石灰水、添加适量树脂的石灰水等；添加石灰岩粉的低耐久性的涂料等
透气性	≤ 300%	涂有涂层的材料的干燥时间最多延长 1-2 倍	μ ≤ 50	
附着力	在涂层内部或涂层与砖之间脱落	低，但有足够的附着力	0.2~1.0Mpa	
清除		可以采用中性脱漆剂、或低压力水清洗掉	—	

优点： 保护墙面的同时，基本保留了清水墙的机理。

缺点： 改变了颜色及质感；出新，遮盖了岁月痕迹；涂层在牺牲过程中会出现局部斑驳，影响美观。

应用对象： 当清水墙面非常潮湿，且有含盐过高等严重病害，而这种病害又不能在短时间根除时，宜采用涂抹措施。

本章小结

这一问的完整答案还在探索中。"牺牲性保护（Sacrificial Conservation）"是为本体敷设或添加特定的新材料，以牺牲新材料而最大限度地保全有价值的历史材料的技术方法。牺牲性保护不是新鲜事，古人早有无意识的实践。现代实践在欧洲始于大概 1980 年代，我国始于 21 世纪初。作为最具代表性的建成遗产立面－清水墙，因砖类型丰富、形制各一，是研究牺牲性保护及其应用的最好代表。清水墙牺牲性保护的方式，从原状改变程度由低到高，本书作者分为"邻接式"、"涂抹式"和"覆盖式"三种类型，如果砖与缝要牺牲一个的话，要优先牺牲缝而不是砖。

"邻接式"指在邻接砖破损部位及砖缝施工耐久性低的修复材料或嵌缝剂，在达到基本完整性、满足使用功能的前提下，保护既有的历史材料－砖。新添加的砖修补材料比旧砖强度低、吸水速度快，而清水墙的灰缝强度要求则是最低的。"邻接式"的优点为，基本保留清水墙的外貌，只是需要特别限制水泥等高强度及含水溶盐材料的应用，针对具体建筑优化修补剂强度及吸水速度。"邻接式"缺点是外部的温差、干湿、冻融、大气污染等仍然会继续损害旧砖，牺牲性保护的效果实则是有限的。此外修复剂、勾缝剂的有限耐久性容易引起所谓"豆腐渣工程"的质疑。

"涂抹式"保护是在清水墙面涂刷厚度为从十微米到数毫米厚的非永久性保护层，以减少外部温差、干湿等对清水墙面的损害，同时使内部盐、水等迁移到涂层与砖之间而达到保护整个墙面的目的。作为牺牲层的涂抹层，使用的材料需无渗透性，可逆，透气性高。"涂抹式"的优点是，保护墙面的同时基本保留了清水墙的机理，一定程度的出新也能满足一部分"利用"遗产的人的诉求。其缺点是明显的，"涂抹式"改变了清水墙的颜色及质感；遮盖了岁月痕迹；涂层在牺牲过程中会出现局部斑驳而影响美观。

"覆盖式"保护是在清水墙面施工一定厚度的砂浆，起到保护清水墙的作用。病害因子来源于内部时，牺牲性灰浆需要提供通道及干湿、盐结晶溶解的空间，以保全历史材料。对于病害因子源于外部，如雨水、温差及大气污染物，牺牲性灰浆则可以起到隔热、防雨等作用。"覆盖式"保护可能不被我国大部分遗产保护工作者接受，因为这种方法"改变了文物原状"。但是，如果我们把历史材料及其信息看成遗产的灵魂之一，并能接受我们只是暂时无法直观看到，"覆盖式"是最佳的保护方式。考古建筑遗址的"回填法"就是"覆盖式"保护的一种方式。

本章主要引自：

陕西省文物保护研究院周伟强、刘忠等主持承担的国家文物局"文物保护科技优秀青年研究计划"《干旱地区古建砖砌墙体水、盐破坏机理及其综合质量研究》钟燕博士研究生论文、王冰心硕士研究生论文部分成果。

10 石灰岩类文物保护技术上为什么难

石灰岩及成分一致的汉白玉、大理石等，因分布广泛、致密细腻、强度适中而成为我国最重要的建筑石材及雕刻原材料。这些石材的一个共同特点就是可以通过高温烧制成为不同类型的石灰，是本书"建筑石灰"的原岩。但由于其孔隙率吸水率低、化学上的不稳定性、主要组成矿物方解石的热膨胀收缩性能的各向异性，使得其保护，特别是户外石灰岩文物及建筑构件的保护成为非常棘手的问题。本章在总结石灰岩特点、风化机理基础上，尝试梳理出对石灰岩保护的一般策略，有清洁、表层固化、修复等技术手段。

10.1 石灰岩特点

石灰岩类文物是化学成分为碳酸钙（$CaCO_3$，矿物学以方解石为主）、碳酸钙镁（$CaMg(CO_3)_2$，矿物学为白云石）石材为载体的文物。石灰岩类文物的代表性遗产有龙门石窟（图 10-1）、故宫内石材（大部分为汉白玉，少量为所谓青白石，含灰—绿色硅酸盐的大理岩）、河南嵩山地区的石质文物（图10-2，鲕状灰岩）、西安唐十八陵主要的石质文物、南京地区的碑材等等，以及刚被列入世界文化遗产的广西左江花山岩画（见第 8 章）。

石灰岩与砂岩（如大足石刻的砂岩）、花岗石（如上海外滩的建筑群主要立面为金山石，一种产于苏州的花岗石）相比，具有自己的特点：比较高强度（少数石灰岩的强度低，一般只作为砌体材料），低吸水率，低孔隙率。

实验数据表明，取自不同地

图 10-1　成分为石灰岩的龙门石窟造像（面庞及耳朵部位可见变白的现象）

图 10-2　嵩山著名的蹴鞠图，刻于石灰岩上

区的石灰岩虽然容重的差异较大，除个别样品外，其吸水率都较低，重量吸水率介于 0.2%~5%。

　　从岩石学角度而言，除致密的汉白玉、青白石外，石灰岩类石材不耐酸，且存在于剧烈的温差变化下容易碎裂（糖粒状碎裂）等问题，使得石灰岩的保护问题成为一个国际难题。

10.2　石灰岩劣化特点及机理

10.2.1　石灰岩劣化的特点

　　石灰岩类材料风化的特点与砂岩等存在明显的区别，前者呈菱形开裂，或在构造应力作用下的开裂（图 10-3）、表面不均匀溶蚀（图 10-4）等为主，而砂岩

图 10-3　干燥地区露天石灰岩文物的病害①不同方向的开裂导致脱落；②含泥质成分的快速劣化；③表面溶蚀、淋蚀；④黑色污染（主要为石膏）；⑤后期修复

图 10-4　"砍状"不均匀溶蚀是温湿气候下露天石灰岩典型的表面病害

主要是开裂及表面粉化。

　　灰色的石灰岩长期自然风化，可出现如大理石颜色转变的白化现象。此外，化学作用生成的石膏及大气污染物等常形成黑色壳状物，分布在劣化石灰岩表面。风化残余物等（黏土、粉砂及铁氧化物），也为苔藓等微生物提供土壤。

10.2.2　石灰岩劣化机理

　　石灰岩的劣化机理与其他天然石材比，具有其自身特点（表 10-1）。

表 10-1　石灰岩风化机理

风化机理		
机械	温差	石材表面开裂（三个不同方向），发生粒状剥蚀或块状的崩解
	砂糖化	温差导致的异向胀缩使石灰岩、大理石中方解石晶体之间失去结合力
	冻融	温度下降到0℃以下，水结成冰，造成石材吸水后结冰的急剧膨胀，使石材崩解碎裂
	紫外线的照射	石材本身具有许多毛细孔，且毛细孔越小毛细现象越显著。因此，石材吸水后，在阳光紫外线的辐射下，水分在石材的毛细孔中的蒸发速度随之加快，水分中带有对石材侵蚀的物质对石材的侵蚀速度也会加剧，从而引起石材的老化
	雨水冲刷	冲击作用
	可溶盐	可溶盐在岩石的微孔中结晶产生的胀力能导致孔壁破裂，可溶盐结晶对岩石影响的大小与盐的种类、岩石孔隙特性和蒸发条件有关。碳酸钠、硫酸钠、硫酸镁对岩石的破坏大，而氯化钠、硫酸铝则对岩石影响很小。可溶盐对岩石的破坏大小与岩石本身孔径的分布也有关系。同时，具有大量微孔的岩石更容易被可溶盐破坏
	风沙吹蚀	风沙磨损及侧压力加剧岩体结构的不均匀性
化学	酸雨	通常是以水为溶剂，当其中含有碳酸根离子、硫酸根离子或硝酸根离子等及有机物时溶解力更大。
	雨水溶解	长期的潮湿环境，岩石表面也会发生溶蚀作用： $CaCO_3 + CO_2 + H_2O \rightarrow Ca(HCO_3)_2$
	水化、水解作用	石灰岩中黏土等矿物吸水后体积增大
	氧化反应作用	石灰岩中次要矿物发生氧化反应，造成石材变色、变软
生物	植物根系生长	植物的根对岩石的劈裂作用
	微生物滋生	菌、藻类微生物在岩石微孔中生长对岩石孔壁的破坏等，植物和细菌在新陈代谢中还会产生有机酸、无机酸和酶，直接腐蚀、分解岩体

（1）物理因数

石灰岩、汉白玉等岩石中主要组分方解石，具有高各向异性的热膨胀系数及导热系数（表10-2）。

表10-2　无机矿物不同方向的热膨胀及导热系数（引自 Dreyer，W.，1974）

	热膨胀系数 K（$\times 10^{-6}$）		导热系数（W/mK）	
	平行 C 轴	垂直 C 轴	平行 C 轴	垂直 C 轴
石英	7.8	14.3	11.3	6.5
方解石	23.3	−5.2	5.0	4.2
白云石	19.9	3.8	4.3	4.7
铜	—	—	406.1	
食盐	39.6	39.6	—	—

从冬天到夏天温差在70℃时，平行方解石 C 轴方向会发生 1.63mm/m 的膨胀，而垂直 C 轴的方解石会发生 0.36mm/m 的收缩。在石灰岩中，方解石的结晶方向不一，这种以方解石为主的石灰岩的不均匀膨胀收缩，可导致汉白玉内部结构的破坏，形成"糖粒状"结构崩解，这就是使得石灰岩等石质文物保护极其困难的根本原因。石灰岩的特殊热敏感特点，要求其保存条件应该处于温差变化较小的环境下。

同时，石灰岩类文物和木材一样怕火，当遭遇火灾时（温度到 600℃），石灰岩（碳酸钙）将分解成氧化钙（生石灰）。

（2）大气降水及酸性气体

大气降水中的 CO_2 会对石灰石发生溶解，在地质上形成著名的岩溶地貌（卡斯特地貌）。

正常空气中含有约 0.03%（体积比）CO_2，在有水存在时，空气中 CO_2 可以形成碳酸：

$$CO_2 + H_2O \rightarrow H_2CO_3$$

碳酸是一种弱酸，对很多石灰岩、壁画及其基层石灰批荡粉刷等会产生腐蚀作用。

腐蚀过程的化学反应式如下：

$$H_2CO_3 + CaCO_3 \rightarrow Ca(HCO_3)_2$$

Ca（HCO_3）$_2$ 溶解于水中，随重力作用或毛细作用运移到蒸发部位或能够储存水的裂隙、气孔等部位蒸发结晶，形成文石等钙质沉积。

$$Ca(HCO_3)_2 \rightarrow CaCO_3\downarrow (文石) + H_2O\uparrow + CO_2\uparrow$$

因此，暴露在户外的石灰岩会一直受到大气降水的侵害。

酸雨对石灰石的侵害也是十分明显的，大气污染物 SO_2、NO_x 等，遇水变成硫酸、亚硝酸，亚硝酸在空气中进一步氧化成形成硝酸：

$$2N + 2O_2 \rightarrow 2NO_2 + H_2O \rightarrow HNO_3 + HNO_2$$
$$2HNO_2 + O_2 \rightarrow 2HNO_3$$

硝酸是一种强酸，不仅能够腐蚀大多数的金属，更容易腐蚀石灰材料，导致石灰材料的溶解。

$$CaCO_3 + 2HNO_3 + H_2O \rightarrow Ca(NO_3)_2 + CO_2\uparrow + 2H_2O$$

被硝酸腐蚀后的材料中，硝酸盐含量增加，而硝酸盐类一般为吸湿盐，可使材料在高温下吸潮而降低耐久性。

大气污染物 SO_2 腐蚀的石灰石，会形成石膏等：

$$CaCO_3 + H_2SO_4 + H_2O = CaSO_4 \cdot 2H_2O (石膏) + CO_2\uparrow$$

（3）环境污染

工业排放的大气粉尘等对石灰岩类文物的影响速度惊人，如某地的工业芒硝使附近汉白玉石材在极短时间内就发生粉化崩解（图10-5）。

10.3 石灰岩文物保护的对策

鉴于石灰岩特殊的风化机理，石灰岩类文物的保护宜采用不同于砂岩等保护措施。

（1）尽可能建造保护亭或类似的保护覆棚，使石灰岩免遭雨水的淋蚀、冻融等，也可降低温差变化（图10-6）。

（2）必须露天展示的文物或石灰岩建筑构件，宜持续地采用低强度的修复材料维护（断裂需要归安的除外）。慎重使用改变石灰岩表面湿润特点的"防风化"材料。

图 10-5　被工业芒硝（$Na_2SO_4 \cdot 10H_2O$）粉尘污染的某汉白玉雕刻，腐蚀的汉白玉可用针扎透

图 10-6　重要的石灰岩类文物最理想的保护环境是室内或半开放的室内环境

10.4　石灰岩保护的现代关键技术与未来展望

10.4.1　污染石材的清洁

2016 年春天，西安唐十八陵石人石马"洗澡"事件以微博发布者道歉而平息，但是这件事情折射出对待石质文物，特别是石灰岩类石质文物的清洁、延年益寿与美学如何平衡的问题。研究发现，深色的石灰岩在自然风化后表面变成不同灰度的白色，这可能是方解石再结晶造成的，所以在清洁历史悠久的石灰岩时，需要注意到这种变化。

石灰岩石材表面的污染类型有灰尘、微生物（苔藓等）、变色，特别是石膏、油污等等。清洁的目标是去除可能影响石材耐久的因子，保留历史痕迹，而非翻新至其原始状态。粉尘（图 10-7）、石膏及其他的水易溶盐是应该清洁掉的。而自然老化形成的古锈（Patina）等，只要不影响耐久性，应予以保留。

过去曾经采用诸如激光、微颗粒喷砂等微损方法清洁大理石、汉白玉等石质

文物，但后期的研究发现，激光
等微损清洁使石材表面的毛细孔
隙开放，反而会加速石灰岩类
文物的风化（Drewello et al，
2005）。

　　表面苔藓等微生物，对石灰
岩类文物更多的是起到生物破坏
还是保护作用，虽然根据牛津大
学 Heather Viles 教授的最新研究
结论，生物保护的作用大于生物
破坏，但这一研究成果应用于建
筑保护领域还存在很大的争议。
苔藓的生存需要适合的温湿度（一
般只在特定的季节才能满足）、
营养物等。石灰岩中碳酸钙等淋
蚀后残余的黏土、粉砂等正好成

图 10-7　现代大气污染越来越严重，文物表面的粉尘是要持续清除的污染物

为苔藓需要的土壤及营养物（大气污染等），其生命循环过程可能对石材本体产生
危害，苔藓的发育也可能对石雕等的立体感产生负面作用。但也有研究表明，可将
苔藓可以视作很好的保温隔热层，其下石材的温差变化要比没有苔藓小，而石灰岩
又是对温差极度敏感的。

　　另一种石灰岩类文物病害是石膏层，石膏常常是石灰岩与大气污染物共同反应
的黑色产物，不仅影响美观，而且容易导致文物的进一步损害，清除石膏是石灰岩
文物保护的重要一步。过去常用的喷砂清洁或激光清洁对本体均有一定程度的损害。
近年的研究证明，手工机械清洁 + 碳酸氢铵面膜清洁相结合的方法对去除石灰岩、
大理石表面的石膏等颇有成效。碳酸氢铵清洁石膏的反应如下：

　　　$CaSO_4 \cdot 2H_2O + (NH_4)HCO_3 = CaCO_3$（石灰石）$+ (NH_4)HSO_4$

　　$(NH_4)HSO_4$ 的溶解性能比较高，可以采用敷贴排盐纸浆清除。

10.4.2　石灰岩类石材表层固化

　　尽管国际上做过很多研究，如德国 DBU 的研究课题石质文物监测

（Natursteinkonservieurng‐Monitoring，Auras，2005，2013），但对于石灰岩类文物表面的防风化在实际应用上一直没有很大的突破。这主要和石灰岩过于致密，保护材料无法渗透至石材内部，只能在表层有关，也与石灰岩中方解石晶体各向异性的膨胀收缩有关。一般市场上所谓的"防风化"材料在石灰岩面层上的耐久性一般只能维持1~2年，有的材料寿命更短，而且憎水的不透气材料会对本体造成二次伤害。

近年来，有研究尝试采用无水的基于醇类的微－纳米石灰（Ca（OH）$_2$）对石灰岩表面及其微裂隙进行固化，取得了一定进展（表10-3），另外一种材料是改性正硅酸乙酯（Aluyl anrmo‐niumionen 界面剂 + 正硅酸乙酯），其他材料如丙烯酸、聚氨酯等已经很少使用。

表10-3　国际石灰岩类文物表面增强材料

序号	材料类型	固化机理	运用前景及耐久性
1	正硅酸乙酯	与空气或材料中水反应形成 SiO_2 胶体，固化后吸水性能没有明显变化	含有较高的硅质或泥质的疏松的石灰岩，耐久性好；致密石灰岩效果差
2	Aluyl anrmo‐niumionen 界面剂 + 正硅酸乙酯	铵基在石灰岩的 $CaCO_3$ 与 SiO_2 之间形成链接，吸水性能有变化	界面剂渗透性差，耐久性差
3	丙烯酸	溶剂型（如丙酮稀释）甲基丙烯酸甲酯在溶剂蒸发后，将天然石材变成人造石材	加压封注或仅在粉化或糖粒化十分严重的部位施工
4	聚氨酯	单组份或双组份形成新的黏合剂	应用较少，实验室试验阶段
5	纳米/微米石灰	利用 Ca（OH）$_2$（纳米石灰）+CO_2+H_2O→$CaCO_3$（石灰岩中主要成分）加固表面，溶解分散于醇类中	21世纪新开发的材料，裂隙注射及表面加固，耐久性尚待长期观察

10.4.3　裂隙加固

在石灰岩中，常常能发现白色脉，这些脉是在地质作用下碳酸钙或碳酸氢钙结晶而成（图10-8），石灰岩类文物的开裂也可以模拟这一过程进行加固，石灰岩裂隙加固的材料应用案例有花山岩画加固的天然水硬石灰注浆料，具体见第8章。

在南京大报恩寺地面开裂石灰石加固实验发现，采用微米石灰可以加固开裂石灰岩，毛细裂隙也可以通过微米石灰固化。这个研究的初步成果为未来保护石灰岩，特别是开裂的石灰岩提供了非常好的思路。微米石灰的成分为氢氧化钙，碳化后的产物为碳酸钙，与石灰岩在化学上完全一致（图10-9）。

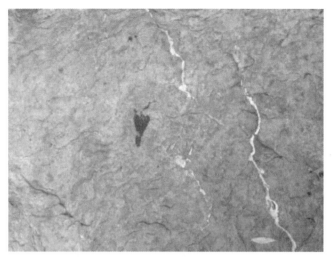

图 10-8　北京颐和园中青白石里的白色碳酸岩脉

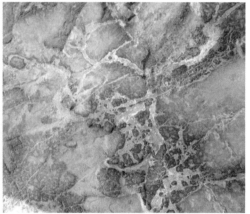

图 10-9　2014 年采用微米石灰修复的石灰岩裂隙（左）
2016 年（2 年后）效果（右）：大的裂隙及毛细裂隙均得到了固化（南京大报恩寺御道遗址）

　　南京大报恩寺石灰岩裂隙固化实验工艺流程如下：

　　– 吸尘器清洁，去除灰尘等（图 10-10）。

　　– 整体表面喷淋浓度为 1%~2% 的微米石灰（稀释剂：异丙醇）（图 10-11），
待裂隙接近饱和时，喷淋纯正硅酸乙酯（正硅酸乙酯量控制在 100ml/m^2）。

　　– 注射浓度为 10% Ca（OH）$_2$ 微米石灰，达到接近饱和，间隔 24 小时。

　　– 注射浓度 50% Ca（OH）$_2$ 微米石灰，分数次注射，达到饱和为止（图 10-12）。

图 10-10　石材清洁

图 10-11　喷淋 1%~2%Ca(OH)₂浓度微米石灰

图 10-12　使用 50%Ca（OH）₂浓度微米石灰填补石材裂隙

－间隔 24 小时清理，表面采用天然水硬石灰 NHL2 和石灰岩粉填补（图 10-9 左侧）。

10.4.4　憎水

改变石灰岩表面吸水性能的防风化或憎水材料，常常存在无法弥补的副作用，另一方面耐久性差，在石灰岩类文物中的使用受限。原则上在石灰岩表面不建议使用任何憎水材料。

10.4.5　置换、修补

从建造而言，用石灰岩、大理石等建造时必须在石材间留有足够的缝隙，以容纳石灰岩这种不均匀膨胀。修复时必须采用柔性材料（如天然水硬性石灰 NHL2 或 NHL3.5 作为修复剂的黏合剂），以容纳不均匀膨胀收缩导致的体积变化。忌用丙烯酸等树脂作为黏合剂（室内环境下的汉白玉、大理石除外）。缺损部位的修复材料技术要求参加表 10-4。

表 10-4　石灰岩修复剂技术指标（参照 Snethlage，1997，2005，有补充）

物理参数	指标要求	说明	指导性指标	材料类型
抗压强度	20%~80%	低于石灰岩等	3~8Mpa	天然水硬石灰基及石灰岩粉修复剂，可添加总量不超过1%的树脂等助剂
吸水率	100%~200%	高于石灰岩	2~15wt%	
超声波速度	20%~60%	低于石灰岩	1.0~3.0km/s	
透气性	100%~200%	高于石灰岩	μ=10~50	
热膨胀系数	50%~150%	和石灰岩接近	$4-7 \times E^{-6}$（1/k）	
湿膨胀系数	50%~100%	与石灰岩接近	—	
附着力	在修复剂内部脱落	适宜的附着力	0.2~0.5Mpa	

10.4.6　嵌缝

地面以上构件可采用如桐油石灰嵌缝，地面及地面以下构件不可采用桐油石灰嵌缝，宜采用低强度、高透气性的气硬性石灰或天然水硬石灰 NHL2 配制的砂浆勾缝，避免使用高强度材料。

本章小结

石灰岩为建筑石灰的原岩，因分布广泛、致密细腻成为我国最重要的建筑石材及雕刻原材料。但由于其孔隙率和吸水率低、化学上的不稳定性、主要组成矿物方解石的热膨胀收缩性能的各向异性，使得其保护，特别是户外的石灰岩文物及建筑构件的保护成为非常棘手的问题。保护石灰岩类文物，需要从下列几个方面入手：

（1）避免雨淋，降低温差变化：石材随时间等会产生自然老化，特别是温度变化导致的石灰岩方解石等不均匀膨胀收缩，使其沿隐性的裂缝局部开裂，或产生菱形开裂，或出现"砂糖化"粉粒状劣化，而这些开裂只有通过降低温差变化才能得到缓解。所以，石灰岩类文物宜尽可能保存在室内环境，控制温差变化，或半室内环境中，可减少酸雨等空气污染物对本体的危害。

（2）牺牲性保护层：石灰岩类表层在水、大气污染物等作用下，会发生化学风化，特别是溶蚀等，使石材的表层强度产生不均匀降低；而表层残留的少量黏土矿物又容易成为苔藓等的营养基。石灰岩表面保护不宜采用丙烯酸树脂等材料，而宜采用和碳酸盐兼容的、半永久性且具有"牺牲"性能的保护层，鉴于石灰与石灰石的化学兼容性，新型无水微米－纳米石灰极可能成为未来针对石灰文物修复的主要材料。

（3）对待历史修复材料如水泥砂浆的态度：风化的石材过去大多数采用水泥砂浆修复，修复用的水泥砂浆强度高、致密，与水泥砂浆临接的石材大多数会发生更严重的风化。另外，水泥砂浆中含有对石材造成破坏的水溶性盐，盐进入这些石材发生结晶溶解，导致石材在经过水泥砂浆修复后，劣化损坏速度加剧。因此，可能的情况下应对历史上做修复用的水泥砂浆进行清除，同时保证在新的保护工程中禁止使用水泥。

（4）本体修复：必须采用和碳酸盐兼容的修复材料，要求低强，老化后颜色质感类似。

（5）我国不同气候条件下，石灰岩类文物的劣化特点不同，建议加强石灰岩类文物保护的研究、监测与后期维护工作。

本章主要引自：

南京大明文化实业有限责任公司、同济大学历史建筑保护实验中心完成的《南京大报恩寺遗址木休保护实验研究报告》，2014。

附录 石灰及其工法术语

中文术语	英语术语	英文术语缩写	说明
气硬石灰，或气硬性石灰	Air Lime	—	需要 CO_2（主要源自空气）和水才能固化的石灰，包括钙质石灰（CL）与镁质石灰（DL）两大类
钙质石灰	Calcium Lime	CL	主要由氧化钙不含任何水硬或火山灰成分的气硬石灰
镁质石灰或白云石灰	Dolomitic Lime	DL	主要由氧化钙、氧化镁组成，氧化镁含量大于5%的不含任何水硬或火山灰成分的气硬石灰
水硬性石灰	Lime with hydraulic Properties	LWHP	指含有气硬性石灰、硅钙石、铝钙石等的一种石灰，可以在水中硬化。具水硬性的石灰有三个亚类，分别为天然水硬石灰（NHL）、调合石灰（FL）和狭义的水硬石灰（HL）。水硬性石灰的水硬性必须是源自石灰自身，也就是不添加任何外来材料只添加水就能硬化的石灰
天然水硬性石灰	Natural Hydraulic Lime	NHL	采用天然含有硅质或者泥质的石灰岩烧制，经过或不经过研磨干式消解形成的石灰。如因研磨而需添加研磨介质，添加量不得超过0.1%，除此之外不允许添加其他任何材料
调合石灰	Formulated Lime	FL	主要是由气硬性石灰、天然水硬石灰和具有水硬性的活性组分（包括火山灰等）配制的水硬性石灰，不含或含少量水泥，按照2015年欧洲标准 EN459-1 的要求，调合石灰和天然水硬石灰的最大区别在于调和石灰添加有外来组分，并要求进行标注。只要其他单一组分含量超过5%或者其他非天然水硬石灰组分的总和超过10%，就必须在产品说明中进行标明
水硬石灰	Hydraulic Lime	HL	狭义的水硬石灰，指由气硬石灰或天然水硬性石灰添加水泥、粉煤灰、硅微粉、石灰岩粉等等组成的，在水中能固化。按照最新欧标工业标准，生产厂家没有义务标明狭义水硬石灰的主要成分。这里，必须严格区别水硬性石灰（LPHP）和水硬石灰（HL），前者为广义的，后者为狭义的
生石灰	Quicklime	QL/Q	主要成分为 CaO 或 MgO 的石灰石在 900℃~1 000℃ 左右煅烧的产物。市场上可以获得的形式多样，从块状到粉质，包括有钙质石灰和镁质石灰
蜃灰	Shell Lime		主要以牡蛎壳为原料，与烧制石灰类似的工艺进行煅烧，经干法消解使用的一种石灰，古代我国东南沿海使用较多。由于牡蛎壳中还有铝、硅、铁等元素，特别使用小的蛎壳、蛤壳烧制时，还含有杂质（泥质），因此，蜃灰一般品级较差，多用于建筑砂浆配制，具有一定的水硬性
消解	Slaking		消解可按照添加水的多少，把消解过程分成干法消解（dry slaking）和湿法消解（wet slaking）。干法消解（dry slaking）一般添加加理论值的双倍水量，将生石灰转变为消石灰粉（hydrated lime）。湿法消解是将生石灰加入至过量的水中消解，过滤后得到的石灰浆（lime water）或石灰膏（lime putty）
消石灰	Slaked lime		生石灰经过淋化消解得到的粉体，主要成分为 $Ca(OH)_2$ 或含一定量 $Mg(OH)_2$

中文术语	英语术语	英文术语缩写	说明
石灰膏	Lime Putty	PL	经过大量水淋化消解并覆水陈伏一段时间的膏体，主要成分为 Ca（OH）₂或 Mg（OH）₂，含水率不等，一般小于 50%。添加稻草、麦秆、麻等石灰膏又称为纸筋灰或麻刀灰等
罗马石灰或罗马水泥	Roman Lime, or Roman Cement	RC	采用黏土含量很高的泥灰岩或者是石灰质泥灰岩烧制而成的，Ca（OH）₂的含量低，具有早强的性能
天然水泥	Natural Cement	NC	采用泥灰岩烧制，不添加石膏，细磨成粉末状，加水凝结固化的天然水硬性胶凝材料，凝结时间较快（初凝 39min，终凝 115min）
水泥	Cement	C	凡细磨成粉末状加入适量水后，可成为塑性浆体，既能在空气中硬化，又能在水中继续硬化，并能将砂、石等材料黏结在一起的水硬性胶凝材料，统称为水泥
波特兰水泥	Portland Cement	OPC	硅酸盐系列水泥，以硅酸钙为主要成分的水泥熟料，加一定量的混合材料和适量石膏，经共同磨细而成
纳米石灰	Nano-lime		采用分子合成聚会后分散在有机溶剂（醇类），具有纳米级（数百纳米）粒径的氢氧化钙分散液
微米石灰	Micro-Lime		采用高纯度的氢氧化钙经过特殊分散工艺分散在醇中的分散液，氢氧化钙颗粒大小位于 1~3 微米，与纳米石灰比较，微米石灰具有更好的仓储稳定性。
热石灰浆	Hot Lime milk		生石灰块入水，待不发泡后过筛，用其浆料，现配现用，可用于砌筑和灌浆
碳化	Carbonation		氢氧化钙与二氧化碳反应生成碳酸钙的过程
石灰的自愈	Autogenous healing		指当石灰材料，如面层灰浆等发生开裂时，没有碳化的 Ca(OH)₂会随湿气迁移到裂隙中，如果遇到空气中的二氧化碳，则发生碳化，如遇到活性二氧化硅等，则发生胶凝反应，最终愈合裂隙
抹灰，批荡	Plaster or render		19 世纪前，有石灰抹灰（lime plaster）和石膏抹灰（gympsum plaster）两种抹灰方式，石灰抹灰被简称为 lime，石膏抹灰被简称为 plaster。之后 plaster 被用于范指保护/装饰墙体外立面的抹灰材料，并通常指用于室内的抹灰，而 render 通常指室外的抹灰
装饰抹灰	Stucco		一个源自 16 世纪意大利文艺复兴时期的一种外立面装饰抹灰术语，之后广泛为德国、法国、英国等欧洲国家采用。其成分一般有骨料、黏合剂和水制成，在英国通常指用于室外的较厚的抹灰层，但在其他欧洲国家的语境中，尤其是意大利，stucco 既可以指室内也可以指室外的抹灰
牺牲粉刷/牺牲抹灰	Sacrificial plaster		指用于保护墙面的一种特殊灰浆，可作排盐、储盐、湿热缓冲、防止大气污染或机械损伤

中文术语	英语术语	英文术语缩写	说明
苫背	roofing mortar		使用灰泥（石灰、或石灰和泥土调和）抹平到草席、木板等上面，制作而成的屋顶垫层
捶灰	Lime Paste		将气硬性消石灰粉加一定量的水，也可添加麻、炭灰等反复捶打，得到的塑性石灰，具有空气含量低、水份少的特点，适合用于抹灰、灰塑制作等
三合土	Lime sand earth mix		指由石灰、黏土、细砂按照一定比例配制而成的一类建筑材料，具有一定的强度和耐水性，古代多用于地基、地面、墓葬等潮湿位置，现代用于地基和路基
油灰	Tung-oiled lime putty		面粉加细白灰粉（过绢箩）加烟子（用熔化了的胶水搅成膏状）加生桐油（1：4：0.5：6 重量比）搅拌均匀而成。传统石灰工艺也添加其他天然胶增加特殊性能，如防水性能
大麻刀灰	Hemp lime		泼浆灰或泼灰加麻刀（100：5 重量比）加水搅匀而成。用于做灰背时，厚约 7 公分。注：屋面需要耐久性好的石灰，泼灰可能含一定水硬性组分，能起到防水作用，麻刀则能降低开裂
小麻刀灰	Fine hemp lime		泼浆灰或泼灰加短麻刀（100：-1~4 重量比）加水搅匀而成
纸筋灰	Strawed lime		先将草纸用水闷烂，再按比例放入煮浆灰内搅匀，作用于防止墙体抹灰层裂缝，增加灰浆连接强度和稠度。
麻刀油灰	Hemp Tung-oil lime		用生桐油泼生灰块，过筛后加麻刀（100：5 重量比）加适量面粉加水用重物反复锤砸而成。麻刀油灰一般用于粘接石头
江米浆	sticky rice lime		生灰加江米（6：4 重量比）加水煮，至江米煮烂为止
地仗材料血料	blood lime		灰块：水为 1：3.5~4（重量比）配制石灰浆，新鲜猪血浆：石灰浆为 100：8~100（重量比）
灰塑	Modelled lime plaster or in situ lime modelling		一种石灰装饰工艺，用石灰、稻草、玉扣纸、糯米粉或桐油等按比例混合制成草筋灰、纸筋灰，作为灰塑用料，然后工匠通过拍、抹、堆、压、挑等手法创造出雕塑，雕塑的题材多为神话传说、人物风俗、祥禽瑞兽等传统内容，多为上彩，徽州等地多素色做法

参考文献

英文类

[1] Alison Henry, John Stewart (volume editors) . *Practical Building Conservation: Mortars, Renders & Plasters*[M]. Ashgate Publishing Limited. 2011.

[2] Adam Weismann, Katy Bryce. *Using Natural Finishes: Lime and Earth Based Plasters, Renders & Paints*[M]. Green Books Ltd. 2010 (Digital Edition) .

[3] Allen, G. Allen, J. Elton, et al: *Hydraulic Lime Mortar for Stone, Brick and Block Masonry*[M], Donhead, UK, 2003.

[4] Ashurt J. (ed) : *Conservation of Ruins*[M] Butterworth-Heinemann, ISBN 0-7506-6429-0, UK.

[5] DOEHNE E, PRICE C.A. *Stone Conservation: An Overview of Current Research*[M].Los Angeles: The Getty Conservation Institute, 2010.

[6] Houben H, Guilaud H. *Earth Construction a Compressive Guide*[M] ITDG Publishing 1994, reprint 2005, 73-126, UK.

[7] MILLER, M. RABINOWITZ, J. SEMBRAT. *The Use and Effectiveness of Dispersed Hydrated Lime in Conservation of Monuments and Historic Structures*[M] International Building Lime Symposium 2005 Orlando, Florida, 2005.

[8] Oates, J.A.H. *Lime and Limestone: Chemistry and Technology, Production and Use*[M], Wiley-VCH Verlag GmbH, D-69469 Germany.

[9] PHILIP WARD. *The Nature of Conservation: A Race Against Time*[M]. Los Angeles: The Getty Conservation Institute, 1986.

[10] *The preservation of Historic Architecture-The US Government's Official Guidelines for Preserving Historic Homes*[M], The Lyons Press, 2004, 81-87.

[11] Michael Forsyth (ed.) . *Materials & Skills for Historic Building Conservation*[M]. Blackwell Publishing Ltd, 2008.

[12] A. MILTIADOU-FEZANS: A Multidisciplinary Approach for the Structural Restoration of the Katholikon of Dafni Monastery in Attica Greece[C], Structural Analysis of Historci Construction - D' Ayala & Fodde (eds) , Taylor & Francis Group, London, 2008: 71-87.

[13] Dupas, M. U. Charola, A.E. A Simplified Analysis System for the Cheraterization of Mortars[C]. 2. Inter Kolloquim: Werkstoffwissenschaften und Bausanierung an der Techn. Akademie Esslingen, 1986, S 309-312.

[14] VICTORIA I. Pingarr´on Alvarez: *Performance Analysis of Hydraulic Lime Grouts for Masonry Repair*[D]. University of Pennsylvania, 2006.

[15] DAI, S. B. *Building Limes for Cultural Heritage Conservation in China*[J]. Heritage Science, 2013, 1 (25) : 1-9.

[16] Dai, Shibing and Schwantes, Gesa, Conservation of Built Heritage in China- with a Focus on Material Conservation, Hans-Peter Leimer (ed.) *Restoration and Building-Physics: Past-Present-Future*, Fraunhofer IRB Verlag 2016, 1-14.

[17] Design and Manufacture of Repair Mortars for Interventions on Monuments and Historical Buildings[J]. Ioanna Papayianni. International RILEM Workshop on Repair Mortars for Historic Masonry Delft, The Netherlands, 26th-28th January, 2005.

[18] Daehen, A & Herm, Ch: Calcium Hydroxide Nanosols for the Consolidation of Porous Building Materials, - results from EU-STONECORE[J], Heritage Science, 2013, 1: 11.

[19] English Heritage. Conservation Bulletin: Building Materials [J]. Issue 69 Winter 2012.

[20] Malinowski, E. S and Hansen, T.S. Hot Lime Mortar in Conservation- Repair and Replastering of the Facade of Lackon Castle[J] Journal of Architectural Conservation, Vol 17, No.1, 2011, 95-118w3.

[21] Schork, J. Dolomitic Lime in the US-history, Development and Physical Properties[J]. Journal of Architectural Conservation, Vol 17, No. 3, 2012, 7 (3) , 7 26.

[22] ASTM C141/C 141M-09, Standard Specification for Hydraulic Lime for Structural Purposes [S], 2009.

[23] British Standards Institution, BS 890: 1995, Specification for Building Limes[S]. BSI, UK, 1995.

[24] British Standards Institution, BS EN 459: 2001, Building Lime[S]. BSI, UK, 2001.

[25] British Standards Institution, BS EN 459: 2010, Building Lime[S]. BSI, UK, 2010.

[26] British Standards Institution, BS EN 459: 2015, Building Lime[S]. BSI, UK, 2015.

[27] Schwantes & Dai, Preliminary results for using micro-lime – clay soil grouts for plaster reattachment on earthen support, in K. Van Balen & E. Verstrynge (e.d): Structural Analyisi of Historic Vonstruction, Anamnesis, diagnosis, therapy, controls, CRC Press 2016, Leunven/ Belgium.

德文类

[1] Auras, M. Meinhardt J. Snethlage, R, Leitfaden Naturstein-Monitoring, Nachkontrolle und Wartung asl zukunftsweisende Erhalrungstrategien[M], Fraunhofer IRB Verlag, 2011 Germany.

[2] D. Knoefel & P. Schubert: Handbuch Moertel und Steinergaenzungsstoffe in der Denkmalpflege[M], Verlag Ernst & Sohn, 1993.

[3] Krajewski & Kuhl: Eignung frostempfindlicher Boeden fuer die Behandlung mit Kalk[M], Bast 2005.

[4] Merkblatt ueber Bodenverfestigungen und Bodenverbesserungen mit Bindemittel[M], Ausgabe 2004 ISBN 3-937356-40-1.

[5] Oezer F, Egloffstein P, Simon W: Sind Injektionsmörtel auf der Basis von natürlichem hydraulischem Kalk für die Instandsetzung von historischem Bauwerk geeignet? In Neue Erkenntnisse zu den Eigenschaften von NHL-gebundenen Mörteln[M]. Institut für Steinkonservierung e.V. Große Langgasse 29, 55116 Mainz, Germany; 2007.

[6]   Reul, Horst. Handbuch Bautenschutz und Bausanierung [M]. Auflage, Rudolf Mueller Germany, 2007

[7]   Snethlage, Rolf, Leitfaden Steinkonservierung, Palnnung von Untersuchunegn und Massnahmen zur Erhaltung von Denkmaelern aus Naturstein[M], Fraunhofer IRB Verlag, 1997 Germany

[8]   Schade, H.-W.: Untersuchungen zum Reaktionsverhalten von Mischbindemitteln zur Bodenbehandlung[M], Mai 2005 (05.130/2002/ DGB)

[9]   W-R. Metje, Mauer- und Putzmoertel; Estriche, in Scholz & Hiese (ed.) Baustoffkenntniss[M], 16. Auflage Werner Verlag, 2007, 367-414, Germany

[10]   IFS-Bericht Nr. 1[R]: Hydraulische Kalke fuer die Denkmalpflege, 1998.

[11]   IFS-Bericht Nr. 26[R]: Neue Erkenntnisse zu den Eigenschaften von NHL-gebundenen Moerteln, 2007.

[12]   Kuhl, O: Untersuchungen zur Bodenverfestigung mit Kalk[C] 1997, Band 59, OHG Zeitschrift, S. 73-77

[13]   WTA 3-11-97/D: Natursteinrestaurierung nach WTA III: Steinergänzung mit Restauriermörteln /Steinersatzstoffen[G], 1997.

[14]   WTA 3-12-99/D: Natursteinrestaurierung nach WTA IV: Fugen[G], 1999.

[15]   STUERMER, SYLVI. Kalkputze und Lehmputze - Historisch Bewaehrt und Zeitgemaess[G], WTA_Almanach Building Restoration and Building-Physics, 2006.

[16]   Weber, J. and Hilbert G. Romanzement- ein hydraulic Bindemittel des 19. Jh mit interessanten Zukunftperspektiven fuer Moertelanwendungen in der Restaurierung und im Bauwesen[J], natursteinsanierung stuttgart 2012 Fraunhofer IRB Verlag. 2012, 25-36.

[17]   Wisser, S. und Knoefel, D. Untersuchungen an historischen Putz und Mauermoertel[J], Teil 1 Analysengang, Bautenschutz+Bausanierung/10. JG, 1987, 124-126.

[18] DIN 1060-1 Baukalk – Teil 1: Definitionen, Anforderungen, Überwachung[S]. 1995-03.

[19] WTA -2-10-05/D -2005: Opferputze, Hrsg.: Wissenschaftlich-Technische Arbeitsgemeinschaft für Bauwerkserhaltung und Denkmalpflege e.V[S]. –WTA–, Fraunhofer IRB Verlag.

[20] WTA- 1-7-01/D -2001: Kalkputze in der Denkmalpflege, Hrsg.: Wissenschaftlich- Technische Arbeitsgemeinschaft für Bauwerkserhaltung und Denkmalpflege e.V[S]. –WTA–, Fraunhofer IRB Verlag, 1999.

[21] Hans-Peter Leimer, Untersuchungen zum Feuchteverhalten zur Bestimmung der Dauerhaftigkeit von Dachsystemen von ausgewählten Tempelanlagen in der Shanxi Provinz – China, [R], 2015.

中文类

[1] 戴仕炳, 陆地, 张鹏. 历史建筑保护及其技术 [M]. 上海: 同济大学出版社, 2015.

[2] 戴仕炳, 张鹏. 历史建筑材料修复技术导则 [M]. 上海: 同济大学出版社, 2014.

[3] 戴仕炳, 李宏松, 王金华. 城墙保护维修工程中石灰的研究 [A]. 城墙科学保护论坛论文集 [C], 凤凰出版社, 2008: 288-291.

[4] 戴仕炳. 德国多孔隙石质古迹化学增强保护新材料和新施工工艺 [J]. 文物保护与考古科学, 2003, 15（1）: 61-63.

[5] 戴仕炳等: 清水砖墙无损排盐技术及效果评估: 以香港牛棚艺术村 PB 570 为例, 文物保护与考古科学, 2013, 25（2）.

[6] 戴仕炳、李宏松, 平遥城墙夯土面层病害及其保护实验研究, 建筑遗产, 2016/1, 201602.

[7] 戴仕炳, 汤众, 李峥嵘,（德）H.P Leimer. 世界遗产澳门圣母雪地殿壁画的保护研究, 建筑遗产, 2016/3, 201608, 114-122.

[8] 戴仕炳 王金华, 左江花山岩画面层抢险加固材料的选择与研发, 中国文化遗产, No4 2016, 55-59.

[9] [宋] 江修复. 邻几杂志, 说郭, 卷 30[M]. 上海: 上海古籍出版社, 1988.

[10] 李黎，赵林毅，中国古代石灰类材料研究 [M]，文物出版社，2015.

[11] 刘大可．中国古建筑瓦石营法 [M]．北京：中国建筑工业出版社，2014.

[12] [明] 宋应星．天工开物 [M]．上海：商务印书馆，1958.

[13] 王金华，严绍军，李黎．广西宁明花山岩画保护研究 [M]．中国地质大学出版社，2015.

[14] 张云升，中国古代灰浆科学化研究 [M]．东南大学出版社，2015.

[15] [春秋] 左丘明．左传．[M] 长沙： 岳麓出版社，2001.

[16] 方云，孙兵，高洪，等．花山岩画保护工程地质报告 [R]．武汉：中国地质大学(武汉) 文化遗产和岩土文物保护工程中心，2005.

[17] 中国文化遗产研究院，上海德赛堡建筑材料有限公司广西花山岩画本体开裂岩体粘结加固材料实验报告 [R]，中国文化遗产研究院，上海德赛堡建筑材料有限公司，2009.

[18] 郭宏，韩汝玢，赵静，等．广西花山岩画抢救性保护修复材料的选择试验 [J]．文物保护与考古科学，2006，18（3）：18-24.

[19] 郭宏，韩汝玢，赵静，等．广西花山岩画颜料及其色病害的防治对策 [J]．文物保护与考古科学，2005，17（4）：7-14.

[20] 梅淑贞．灰土材料的硬化机理及其性能研究 [J]．水利学报，1982，47-53.

[21] 杨富巍，张秉坚，潘昌初，等．以糯米灰浆为代表的传统灰浆——中国古代的重大发明之一 [J]．中国科学 E 辑：技术科学，2009，39（1）：1-7.

[22] 杨富巍，张秉坚，曾余瑶，等．传统糯米灰浆科学原理及其现代应用的探索性研究 [J]．故宫博物院院刊，2008，5：105-114.

[23] 周霄，胡源，王金华，等．水硬石灰在花山岩画加固保护中的应用研究 [J]，文物保护与考古科学．2011，2.

[24] 中华人民共和国建材行业标准：建筑生石灰 [S]，JC/T479-1992.

[25] 中华人民共和国建材行业标准：建筑消石灰粉 [S]，JC/T481-1992.

[26] 中华人民共和国建材行业标准：石灰术语 [S]，JC/T619-1996.

[27] 中华人民共和国建材行业标准：建筑生石灰 [S]，JC/T479-2013.

[28] 中华人民共和国建材行业标准：建筑消石灰 [S]，JC/T481-2013.

[29] 中华人民共和国水利部．土工实验方法标准 [S]．北京：中国计划出版社，1999

图片来源

图号	内容	图片来源
1-1	发现于公元 6500 年前约旦阿曼佩拉古城的石灰雕塑人像（左），塞尔维亚莱潘斯基维尔的红色石灰地面（右）	维基百科
1-2	1666 年 9 月 2 日—9 月 5 日的伦敦城大火灾波及面域	维基百科
1-3	2016 年年 9 月 2 日 "火烧伦敦" 的大型艺术	nbcnews
1-4	强度接近 C20 的石灰 – 碎砖夯土地面（清代，安徽宣城广教寺遗址）	戴仕炳 拍摄
1-5	砌筑灰浆（明代，西安，据说添加了糯米）	戴仕炳 拍摄
1-6	砖塔的抹灰（嵩山少林寺）	戴仕炳 拍摄
1-7	灰塑（贵州三门塘刘氏宗祠）	戴仕炳 拍摄
1-8	绘制于石灰上的湿壁画（澳门圣母雪地殿，明代，修复后）	汤众 拍摄
1-9	木构表面彩绘，石灰地仗（1824 年）（江西井冈山地区）	戴仕炳 拍摄
1-10	2000-2004 年英国石灰的贸易量	（引自 HM Customs & Excise，2004）
1-11	"牺牲性" 保护砖砌体的石灰基保护修复材料优化试验（2016）	戴仕炳 拍摄
2-1	英国的石灰谱系及其分类	Conservation Bulletin 69：Building Material，P17 戴仕炳，钟燕 翻译
2-2	亟待升级的我国石灰烧制与消解工艺（拍摄于 2016 年 5 月）	戴仕炳 拍摄
2-3	欧标建筑石灰附录 C 有关石灰类型及其应用领域示意图	Building Lime – Part 1：Definitions, specifications and conformity criteria BS EN 459-1：2015（E），P38，钟燕，周月娥 翻译

4-3	喷水使天然水硬石灰消解（不同水硬性生石灰的消解速度不同，水硬性组分低的生石灰消解很快，而水硬性组分高的条带状生石灰缓慢消解）	胡战勇 拍摄
4-4	天然水硬石灰与水泥 325 的 28 天抗压强度	戴仕炳 绘制
4-5	水泥、天然水硬石灰的强度与养护时间的关系	戴仕炳 绘制
4-6	法国某公司不同天然水硬石灰、不同配比的强度变化	戴仕炳，钟燕 绘制
5-1	左图为创建于元之前的山西南部洪济院土坯墙及面层，右图为内部保存比较完好的壁画（明成化六年，1470 年）	戴仕炳 拍摄
5-2	生土建筑不耐水的问题：出檐过小导致雨水、返溅水破坏夯土墙（浙江桐庐，建造时期推测为 20 世纪 50 年代）	戴仕炳 拍摄
5-3	土的缩限、塑限、液限与含水量的关系	（Holtz&Kovacs，1981）
5-4	纯黏土在固态时可以承重很大，但遇水后完全丧失强度	（Holtz&Kovacs，1981）
5-5	二氧化硅、三氧化二铝在水中的溶解性能	Carrens（转自 O. Kuhl）
5-6	法国南部 19 世纪初采用天然水硬石灰夯筑的风土建筑（三层）	戴仕炳 拍摄
5-7	灰土反应需要的湿度条件	戴仕炳 绘制
5-8	添加石灰的土的击实实验	Houben & Guiland，1994，戴仕炳重绘
5-9	相同石灰添加量与不同类型的土的强度变化	Houben & Guiland，1994，戴仕炳重绘
5-10	不同类型的灰土在 10 年发生的强度变化	Houben & Guiland，1994，戴仕炳重绘
5-11	干密度高的砂质土适合采用水泥固化	Houben & Guiland，1994，戴仕炳重绘
5-12	黏土的塑性指数与强度的关系（黏性土随水泥的添加量的增加强度增加而降低）	Houben & Guiland，1994，戴仕炳重绘

后 记

我国和其他文明古国一样，有悠久的石灰使用历史。在水泥发明前，我国的建成遗产，包括最近公布的中国20世纪建筑遗产中的大部分建筑，都可见石灰的应用。发掘我国传统石灰的奥秘，并予以传承是我们的义务。

1994年我有幸获得国家教委奖学金，赴德国留学，随即参与了导师施特儒伯教授（Prof. Dr. Günter Strübel）主持的德国环境保护基金会（DBU）资助的"水硬性石灰在文物保护中的应用"研究，开始了我的石灰之缘。1998年夏天，在云冈石窟研究院和德国吉森大学（Justus-Liebig-Universität Giessen）共同主持的中德合作保护云冈石窟国际研讨会上，导师介绍了他主持的水硬性石灰研究成果。可惜，当时我国与会的二十多位专家对水硬性石灰并没有太多概念，因而他的报告几乎没有引起任何的反响。

十年后，当中国文化遗产研究院主持平遥城墙加固设计（2006—2007）、广西宁明花山岩画保护等保护工程勘察设计（2006—2010）等保护工程时，才认识到天然水硬石灰在文物建筑保护方面的特殊作用，并开始进行系统调研。

近几年，传统石灰、天然水硬石灰已经成为在文化遗产保护研究领域非常热门的一种材料。中国国家文物局、中国文化遗产研究院、同济大学等单位先后资助了多个专项研究课题，国家"十一五"科技支撑计划重点历史建筑可持续利用与综合改造技术研究（2006BAJ03A07-03）、国家"十二五"科技支撑计划"井冈山区域红色资源保护与关键技术研究与示范"（2012BAC11B01）、国家自然科学基金"我国砖石建筑遗产的古锈（patina）保护研究"（51378351）等课题的资助均涉及石灰的研究。2015年开始，陕西文化遗产研究院、同济大学等承担的国家文物局"文物保护科技优秀青年研究计划"干旱地区古建砖砌墙体水、盐破坏机理及其综合治理研究"尝试将石灰与牺牲性保护结合，找到我国干旱地区砖石建成遗产的综合治理材料体系。

除了上述国家级课题外，2005年开始，特别是从2008年同济大学创立"历史建筑保护实验中心"后，进行有关传统石灰材料及现代石灰配比优化的持续研究工作：

2006—2007年 山西省平遥古城城墙结构加固工程内侧夯土保护材料试验及工艺研究；

2008—2009 年　上海外滩源 11 东历史建筑材料勘察与病害研究；

2007—2010 年　广西宁明花山岩画本体开裂岩体加固材料系统试验研究；

2009 年　广西宁明花山岩画本体开裂岩石第一期抢救性加固工程；

2010 年　上海市嵩山路 65-71 号淮海中路 211-235 号三类历史保护建筑外墙面主要材料检测

2010—2011 年　广西宁明花山岩画本体开裂岩体修复工程（一期）

2011 年　天津五大道历史风貌建筑区建筑材料沿袭分析及修复应用的研究

2011 年　澳门特别行政区大炮台围墙批荡层材料分析研究

2011—2012 年　龙门石窟灌浆材料试验研究

2011—2012 年　广西宁明花山岩画本体开裂岩体修复工程（二期）

2011—2012 年　山西南部工程早期建筑材料及其保护修复研究（修缮工程砖石质量标准指南研究）

2012 年　天津既有历史建筑防潮新材料新工艺研究

2012 年　贵州刘氏宗祠灰塑材料分析及修复方案

2012 年　盐官章氏民宅外立面灰塑及清水墙修复工程

2012 年　海口儋州市中和镇古城墙墙体材料诊断分析

2012—2013 年　北京地区传统砖砌体修复材料与工艺研究

2012—2013 年　杭州市历史建筑外墙表层修复技术研究

2012—2014 年　物质性红色资源保护剂的研发和示范点建设总体规划、设计和技术指导

2012—2014 年　上海市黄浦区 174 街坊光陆大楼外墙检测

2012—2015 年　海口骑楼项目骑楼修缮外立面修复技术及效果咨询

2013 年　上海花园饭店外立面装饰材料检测

2013—2014 年　南京大报恩寺遗址本体保护实验研究

2014 年　海口骑楼建筑立面修复技术导则研究

2014 年　天津湖南路 11 号建筑材料分析

2014 年　华侨城苏河湾 1 街坊保护保留建筑改造项目（原上海总商会）建筑材料及其保护修复技术研究

2014 年　北京延庆县山戎文化陈列馆土墓葬本体土保护试验研究

2014 年　安徽亳州分土台保护方案设计

2015 年　宣城广教寺双塔遗址展示利用工程：材料病害及相关保护实验研究

2015 年　泸州石质文物保护修复材料研究：以杨氏牌坊保护修复材料研究为例

2015 年　泸州白塔（报恩塔）古代石灰材料研究分析

2015 年　成都通锦路古代园林遗址整体搬迁异地保护重建方案

2015 年　岳阳市慈氏塔修缮工程灰浆样品分析

2015 年　天津段祺瑞旧宅建筑材料检测

2015 年　澳门"圣母雪地殿建筑实录、病害诊断、环境监测及评估、改进设计方案研究"成果总结工作

2015 年　成都地区砖质文物现状勘察技术研究——以江南馆街唐宋街坊遗址江南馆街唐宋街坊遗址为例

2015—2016 年　国家文物局"文物保护科技优秀青年研究计划 2015—2020"砖砌体示范应用—保护修复材料研究

2016 年　杭州市浙江大学之江校区钟楼外立面保护修缮工程方案设计

2016 年　成都地区砖质文物修复材料研究

2016 年　西安大雁塔砖砌体勘查及保护研究

2016 年　宁波保国寺石材材质定性评估研究

2016 年　松江唐陀罗尼经幢勘察

2016 年　遵义市海龙屯砖石灰等建筑材料性能检测

2016 年　重庆市渝中区通远门古城墙测绘及病害勘察

2016 年　成都地区古代建筑遗存病害勘察及综合治理合作研究——以江南馆街等遗址为例

本书是上述研究成果的第一次系统总结。

有关本书的命名"灰作十问"，笔者出自以下考虑。宋《营造法式》中有关石灰的制备、应用等均归入抹灰专业的"泥作"，也就是泥土等作为主要原材料添加不同的组分（包括石灰）作为装饰面。1983 年我国出版的《中国古建筑修缮技术》中，"泥作"未被列入修缮技术中，仅将有关石灰的制作方法进行了总结。为了延续传统术语，作者斗胆创用"灰作"一词，将有关建筑石灰分类、配合比优化、施工工艺及注意问题等归入其中，强调本书不同于既有的石灰研究专著，而侧重石灰在建成遗产保护领域的应用，即"作"。当然，本书中有关石灰的配合比、工法、注意事项等，也部分适用于新建筑。

在本书的撰写过程中，我还查阅到《天工开物》记载的明代石灰的"风吹成粉"干法消解，纠正了我过去一直认为我国石灰以湿法消解的错误。遗憾的是，这种有关石灰的物证、性能等方面研究还是空白，这种消解方式与湿法消解在矿物学成分上的区别还没有得到研究，更谈不上发扬光大。

所有的石灰固化，包括天然水硬性石灰的完全固化需要 0.5~1 年左右的时间，灰土、三合土等的完全固化则需要 5~10 年，所以就研究石灰而言，一个好的科研项目，特别是配方开发项目至少需要 3 年时间，花山岩画保护从研究到规模使用也经过了 3~4 年的时间。如果还要跟踪石灰的应用效果则需要更长的时间，因此我国科研项目的管理需要充分考虑这些实际情况，对研究者要有充分的耐心和充足的经费支撑。

本书涉及的石灰应用研究工作得到了国家文物局、山西省文物局、山西平遥县文物局、北京古建研究所、广西壮族自治区文物厅、中国文化遗产研究院、陕西文化遗产研究院、贵州省文物保护中心、杭州市历史建筑保护与管理中心、上海市文物局、上海市科学技术委员会、四川省成都市博物馆、泸州市博物馆、重庆渝中区文物局、安徽宣城市文物局、南京市文物局、南京南京大明文化实业有限责任公司、海口市海口骑楼建筑历史文化街区保护与综合整治项目指挥部、同济建筑设计研究院（集团）有限公司、同济城市规划设计研究院以及澳门特别行政区文化资产厅、香港新高建材工程公司等单位的大力资助，王金华、周伟强、李宏松等领导了部分研究工作，先后参与本书有关研究工作的专业技术人员超过 40 人，格桑 Gesa Schwantes、周月娥、刘斐、居发玲、张德兵、王冰心、刘海燕等参与了部分章节的研究工作并撰写了部分内容。

本书的完成除得到国家"十二五"科技支撑计划"井冈山区域红色资源保护与关键技术研究与示范"（2012BAC11B01）、国家自然科学基金"我国砖石建筑遗产的古锈（patina）保护研究"（51378351）等课题资助外，还得到了陕西文化遗产研究院、同济大学等承担的国家文物局"文物保护科技优秀青年研究计划 - 干旱地区古建砖砌墙体水、盐破坏机理及其综合治理研究"支持，特别是"高密度人居环境生态与节能（教育部）重点实验室"2016 年种子基金项目"砖石建筑遗产的'牺牲性'保护理论与应用研究"的支持，促使研究者们对我国的石灰研究工作做一次从实践到理论的系统总结。在此，对大量资助单位及合作人员，我们怀着一颗感恩之心，孜孜不倦地工作，希望此书早日付梓。

戴仕炳
2016 年 10 月于上海

基金项目

• "高密度人居环境生态与节能教育部重点实验室" 2016年种子基金项目 "砖石建筑遗产的'牺牲性'保护理论与应用研究"

• 国家自然科学基金项目 "我国砖石建筑遗产的古锈（patina）保护研究"（项目批准号 51378351）

• 国家"十二五"科技支撑计划"井冈山区域红色资源保护与关键技术研究与示范"（项目批准号 2012BAC11B01）

• 国家文物局"文物保护科技优秀青年研究计划""干旱地区古建砖砌墙体水、盐破坏机理及其综合质量研究"（任务书编号 2014223）